长时间序列南海油气开发活动遥感监测

Monitoring of Oil/Gas Development in the South China Sea Based on Long Time-series Remote Sensing Images

刘永学　孙　超　赵冰雪　成王玉　著

本书由"南海及其邻域空间情势综合分析与决策模拟系统"（2012AA12A406）、"全球海陆油气资源开采与环境动态监测及变化分析技术"（2016YFB0501502）、"星空地协同遥感支持下的江苏海岸带演化规律分析"（BK20160023）共同资助

科学出版社

北　京

内 容 简 介

本书针对南海油气开发平台的研究现状，详细介绍遥感影像在海洋油气平台提取中的特点、油气开发平台空间位置识别与精度验证、油气开发平台状态属性提取以及海洋石油产量估算探索性研究等内容，系统地体现遥感技术在海洋油气开发活动中的全方位动态监测作用，为我国实施海上能源开发、海域安全管理、领海主权维护等战略提供技术支撑和决策辅助。

本书可作为地理科学、测绘、自然资源保护和环境生态、地质、水利等相关专业的本科生和研究生的学习参考书，也可供从事遥感、地理信息科学教学、科研和生产人员参考以及遥感技术爱好者学习使用。

书中彩图可登录以下网站查看：http://cms.sciencepress.cn/qr/2018610063001

审图号：GS（2019）5265 号

图书在版编目（CIP）数据

长时间序列南海油气开发活动遥感监测/刘永学等著. —北京：科学出版社，2019.12
　ISBN 978-7-03-063982-0

Ⅰ. ①长… Ⅱ. ①刘… Ⅲ. ①南海-油气田开发-遥感监测-研究
Ⅳ. ①TE34

中国版本图书馆 CIP 数据核字（2019）第 288665 号

责任编辑：周　丹　沈　旭/责任校对：杨聪敏
责任印制：张　伟/封面设计：许　瑞

科学出版社 出版
北京东黄城根北街 16 号
邮政编码：100717
http://www.sciencep.com
涿州市京南印刷厂 印刷
科学出版社发行　各地新华书店经销
*
2019 年 12 月第　一　版　　开本：720×1000　1/16
2019 年 12 月第一次印刷　　印张：13 3/4
字数：273 000
定价：99.00 元
（如有印装质量问题，我社负责调换）

目　录

第1章 绪　　论

1.1　研究背景与意义

1）海洋油气资源开发成为国际能源发展趋势

海洋被誉为"蓝色国土"，作为国际政治、经济、军事的竞争领域，海洋已成为世界各国提升综合国力和发展海洋经济的重要基地，海洋权益斗争呈现出日益加剧的趋势（任怀锋，2009）。伴随着全球人口与经济的高速增长，对能源的需求也日益增加，陆上油气勘测与开发已日趋饱和（油田发掘难度越来越大，油田规模越来越小，大型油气田资源逐步枯竭），导致全球油气产量增长缓慢（Board et al.，2003；江文荣等，2010）。海洋蕴藏着丰富的石油和天然气，相比陆地而言，全球海洋油气探明量约占全球油气资源总量的34%，但探明率仅为30%，尚处于勘探早期阶段（Sandrea and Sandrea，2007；江怀友等，2008）。自19世纪末美国加利福尼亚海域钻探了世界首个海上钻井平台以来，目前遍布世界的海洋油气勘探活动已有百余个。相应地，海上石油产量占石油总产量的比例逐年提高，至2010年，海上石油产量已逾世界石油生产总量的31%，成为全球石油生产增长的主力（EIA，2016），根据国际能源署（IEA）保守估计，2012~2035年全球能源需求预计增加三分之一（IEA，2012）。目前美国石油产量的30%、天然气产量的23%来自墨西哥湾，而中国在"十一五"期间，原油产量的增量也主要来自海洋石油（金秋和张国忠，2005）。在当今陆地油气储量日益减少而人类需求不断增加的形势下，油气勘探开发从陆地走向浅海、远海；从浅水区走向深水区，乃至超深水区（Muehlenbachs et al.，2013），海洋油气资源的探测与开发已成为国际能源发展的热点，成为国际发展的重要趋势（Pinder，2001；Sandrea and Sandrea，2007）。

2）南海油气资源丰富但矛盾突出、形势复杂

全球海洋油气分布极不平衡，总体呈现"三湾、两湖、两海"的集聚格局——"三湾"指波斯湾、几内亚湾和墨西哥湾；"两湖"指里海和马拉开波湖；"两海"指北海和南海（江怀友等，2008）。南海（South China Sea，SCS）是位于我国南部的陆缘海，约占我国海洋国土面积的2/3，其油气资源十分丰富（万玲等，2006），素有"第二波斯湾"的美誉（安应民，2011），目前已探明石油储量居全球海洋石油第5位，天然气探明储量居第4位，油气总资源量预估450亿t，约占我国资

源总量的 1/3，总价值超过 10 万亿美元（吴士存和任怀锋，2005），是世界重要油气区之一，也是我国未来重要的能源接续区（王加胜，2014；安应民，2011）。此外，南海海域的马六甲海峡是连接印度洋和太平洋的最短航道，是世界能源运输的咽喉要道。据美国能源信息署（U.S. Energy Information Administration, EIA）报道，2013 年从几内亚湾和波斯湾经该海峡向中国、日本等亚洲石油消费大国的原油运输量高达 1520 万桶/d，日本从非洲和中东地区进口石油的 90%及其他原材料、中国进口石油的 80%均要通过马六甲海峡运送（王海运，2013），占全球海洋原油运量的 27%（EIA，2013b）。由于油气资源价值与战略地位日益重要，南海周边国家对石油等战略资源的需求不断上升，能源消费的日益紧张使南海周边国家加快了油气资源的勘探开发，海洋油气开发不断向深水区迈进。自 20 世纪 70 年代以来，南海周边各国罔顾中国南海主权的事实，在南海区域甚至在我国宣称的九段线内公然以国际招标和合作的方式，吸引众多国际石油公司投资油气资源的勘探开发（张荷霞等，2013a）。目前，仅越南单方面划出的石油招标区块已达 215 个，部分招标区块甚至覆盖了我国西沙、南沙海域，严重影响了我国的能源安全战略格局，侵犯了我国海洋权益（陈洁等，2007）。

3）海洋能源安全管理与环境保护意义重大

海洋油气生产信息的重要性体现在能源安全、航道管理、环境保护等诸多领域。南海海洋油气开发平台的数量分布、状态属性、工作周期、石油产量等信息直观反映了南海油气能源的开发程度，有助于把握南海整体及其周边各国海洋油气资源开发历史、现状与趋势，是评估各国能源结构的重要参考。以海洋油气平台为主要媒介进行摸底调查，对改善我国进口油气资源占比过大、制定科学的海洋能源安全战略等具有重要的意义（Liu et al.，2016a）。考虑到全球每年有一半以上的油轮和商船经过我国南海（Rosenberg and Chung，2008），及时更新南海海洋油气开发平台分布信息有利于海洋管理部门加强海域管理、降低海上交通事故发生的可能性（Wang et al.，2014）。随着第六代深水钻井平台的建成，我国的深水装备处于世界领先水平。了解现有油气开发平台数量与分布，对我国海洋设备制造行业走出去、参与国际竞争有着重要参考价值。此外，随着越来越多的海上油田进入开采中后期，工作时间超过设计寿命，一些老化的海上油气平台（如完全拆除、部分拆除或主体结构需要维修）逐渐被弃置（Kaiser and Pulsipher，2003；Smyth et al.，2015）。未来十年，全球弃置产业将呈现爆发式增长，预计超过千座平台和近万口井弃置，市场总规模达 6000 亿元。在北海和美国墨西哥湾，每年新建平台与弃置数量基本持平。获取油气开发平台建设年限、废弃油气平台等信息对于海洋平台拆除行业也具有重大的意义。

海洋油气资源开发在促进区域经济发展的同时也带来了海洋环境的潜在威

胁。受人工操作和海上风暴等因素的影响，常年暴露于海面和水下的油气管道受到巨大的压力逐渐腐蚀和剥落，带来潜在的环境风险，伴生天然气焚烧（Elvidge et al., 2009; Nara et al., 2014）与原油贮存运输的泄露（Fingas and Brown, 2014; Schrope, 2010, 2011; Leifer et al., 2012）是两个突出表现。获取海洋油气开发平台分布信息是追踪海上伴生天然气排放源的主要手段，获取海上石油产量信息是评价伴生天然气焚烧效率的重要途径（Elvidge et al., 2009, 2015）。超过设计寿命的海洋油气开发平台是原油贮藏泄露的高发区，平台工作时长的获取为广阔海域溢油的发生源与扩散区位置获取提供了一种高效的方式（Deng et al., 2013; Fingas and Brown, 2014）。此外，海洋油气平台的建设可能对海底生物群落的生物多样性产生不利影响，并影响海洋鱼类、鸟类、哺乳动物的栖息地（Burke et al., 2012; Claisse et al., 2014; Robinson et al., 2013; Terlizzi et al., 2008）。因此，为了便于海洋环境的有效管理和环境评估，每个油气平台的详细信息（位置、活动或退役、是否移除）都需要被准确记录。

4）海洋油气生产信息不全或极度匮乏

虽然，海上石油开采授权部门（包括海洋能源开采部门、国际石油开采公司等）对其管辖区域的油气平台空间位置、油气资源开采量等信息有着详尽的记录，然而，出于商业机密、国家利益安全等诸多方面的考虑，它们不愿意将以上信息相互共享与公开（Liu et al., 2016a）。所以，对于某些特定区域的完整油气平台信息很难获取，甚至根本无法获取。在许多情况下，海洋油气平台的分布比较分散，且存在不同的信息来源（如石油/天然气的管理部门、能源和平台的开发机构）。对于已经被移除的油气平台，其相关信息（尤其是位置）更加匮乏。

目前，可收集的统计数据主要来源于英国石油公司（British Petroleum, BP）的 BP 能源开发年鉴（BP, 2017）和 EIA 的国际能源统计数据（EIA, 2015）。它们记录了每年全球绝大部分国家的油气探明储量、开采量和消费量等信息。然而，这种以国家为统计尺度的数据难以进行更加深入的空间细化，难以反映全球热点区域（如南海、北海、墨西哥湾等）的油气产量与变化信息。可获取的空间数据主要保存于"保护东北大西洋海洋环境公约"（Oslo and Paris Conventions, OSPAR）组织的欧洲北海区域海上设施数据库（OSPAR, 2015）和美国安全和环境执法局（Bureau of Safety and Environmental Enforcement, BSEE）的美国墨西哥湾区域油气平台数据库（BSEE, 2017）。通过实地调查，获取了两个数据库海洋油气平台的所属国家、空间位置、开采任务和工作状态等信息。但对于海域广阔且充满争议的南海而言，这种实地调查收集信息的手段难度大、成本高、难以施行。跨区域海洋油气生产信息的孤岛效应，导致南海油气资源数据匮乏、油气开发过程监测困难，严重阻碍了我国海域安全管理与能源安全维护。

5）多源遥感技术为海洋油气开发监测提供契机

遥感（remote sensing, RS）技术具有观测范围广、重访周期短、数据信息源多等优势，且不受地理区域限制和人为因素影响，能够克服南海海域抵近困难、有效数据不足的缺陷，为南海海域油气开发的多维信息收集提供契机（Fingas and Brown, 2014; Holman and Haller, 2013; Leifer et al., 2012; Ju and Roy, 2008）。近些年，中低空间分辨率的夜间灯光影像（如 DMSP/OLS、VIIRS DNB 等）逐渐被证明是海上人类活动和能源资源开发等大尺度监测的有效手段（Milesi et al., 2003）；中等空间分辨率的光学和雷达影像经过不断积累，尤其是光学影像具有空间覆盖全、采集效率高、时间频次高、目标结构特征明显等优点，为海上目标（如舰船、平台等）长时期动态监测奠定了基础；国内外高空间分辨率影像经过不断发展，为海洋油气开发平台的验证以及属性的精细提取提供了可能。考虑到南海油气开发活动空间范围广、时间跨度长，单一遥感数据源难以实现空间和时间的全面覆盖，综合多源、海量遥感影像数据全方位动态监测南海油气生产活动，可为我国实施海上能源开发、海域安全管理、领海主权维护等战略提供技术支持和决策辅助。

1.2　国内外研究进展

1.2.1　海洋油气开发平台识别现状

已有的海上目标检测大多集中于海上舰船的自动检测研究，海洋油气开发平台识别工作在 2010 年前后逐步开展，目前相关研究较少。海洋油气开发平台和海上舰船都为金属混凝土材料的人工设施，在遥感影像上表现出相似的光谱特征（光学影像）和散射截面（雷达影像）。海洋油气开发平台识别方法中的一类是将海上舰船自动检测算法应用于多时相遥感影像，以提取海上固定的平台目标。可见，海上舰船自动检测算法可为海洋油气开发平台识别提供借鉴方法。因此，首先研究目前主流且具有泛化能力的海上舰船自动检测算法，然后归纳近十年来海洋油气开发平台识别的方法。

1）海上舰船自动检测研究

相对于光学影像，合成孔径雷达（synthetic aperture radar, SAR）具有全天时、全天候工作的特点以及不受云雾干扰且目标成像清晰等优势，在海上舰船自动检测方面占据主导地位。自 1986 年挪威国防研究所与欧空局共同协约利用 SEASAT 影像进行海上舰船 SAR 检测的项目开始，大量涉及海上舰船及其尾迹的 SAR 影像自动检测算法孕育而生（唐沐恩等，2011）。目前，基于 SAR 影像的海上舰船（及尾迹）自动检测算法按照所属理论和研究思路的不同，主要可分为灰度属性统计算法、参数估计建模算法和时频分析变换算法三类（图 1-1）。

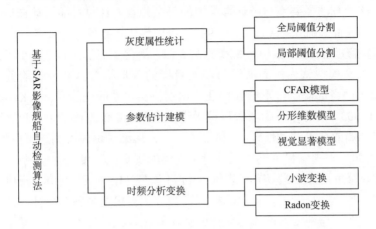

图 1-1　基于 SAR 影像的舰船自动检测算法分类

灰度属性统计算法主要基于像元及其邻域在影像上的灰度属性，分析目标区域中的灰度统计特征或是目标像元及其邻域内的灰度一阶或高阶统计特征，确定合理的阈值将目标与背景分离。灰度属性统计算法包括全局和局部阈值。全局阈值分割算法是对整景影像设置固定的全局阈值使目标和背景分离的舰船检测算法（Eldhuset，1996; Novak et al., 1997）。常用的全局阈值分割算法包括直方图划分法、统计判决法、最大熵法、迭代计算法等。全局阈值分割算法的运算复杂度低，适用于影像的批处理过程，但不能根据影像局部区域的变化改变阈值，检测结果易受局部变化而导致大量错判和漏判（Novak et al., 1997）。局部阈值分割算法能够更好地适应局部区域影像灰度的起伏变化。典型的局部阈值分割算法是利用滑动窗口滤波对 SAR 影像中的舰船进行识别（Eldhuset, 1996）。然而，这种算法在海面风浪引起的杂波信号较多的影像上需要反复计算背景参数来排除虚警，运算量大、处理速度低，难以满足广阔海域、海量数据实时处理的需要。国内学者针对光学遥感影像和 SAR 影像，提出多阶阈值分割舰船自动检测算法（种劲松和朱敏慧，2003；储昭亮等，2007；王保云等，2011），这些方法在前人的基础上进行了改进，其适应性、稳定性和检测率都得到了一定程度的提高。

参数估计建模算法假设影像受控于一些分布模型的参数，利用海上舰船的先验知识进行模型参数估计是该算法的核心环节。恒虚警率（constant false alarm rate，CFAR）检测算法是当前研究中使用较普遍也最有效的舰船检测算法，该算法首先保证虚警率为常数，然后根据虚警率和 SAR 影像海洋杂波的统计特性计算得到检测目标的阈值（Irving et al., 1997; Wackerman et al., 2001; Paes et al., 2010; An et al., 2014）。CFAR 检测算法的检测器通常是由目标窗口、保护窗口和背景窗口组成的复合滑动窗口，保护窗口用于防止目标像素泄漏，背景窗口用于海面杂波统计。这种算法需要逐一统计影像中的每个像素，计算量随滑动窗口尺寸的增加而递增。在此基础上，Vachon（1997）提出最优恒虚警率检测算子，艾加秋等（2009）提出改进的双参数恒虚警率检测算法，简化了算法结构、减小了检测虚警率。分形维数模型认为海面波浪与舰船目标的分形维数具有一定的差异，利用 SAR 影像上两者的高阶分形维数特征，识别特定尺寸的舰船目标（Kaplan, 2001; Lo et al., 1993）。实际中，影像受随机噪声、成像质量的影响，单一尺度分形维数检测海上舰船的结果波动性较大，利用多尺度分形维数可使检测结果更加稳定（张东晓等，2009）。视觉显著模型通过量化人类的视觉显著度，生成视觉显著度图，寻找视觉显著的对象。最具有代表性的 ITTI 模型（Itti et al., 1998）提供了一种自底向上的、各个特征图同步计算的机制，融合了多尺度下各个特征，形成综合的视觉显著度图。与基于灰度属性统计的算法相比，视觉显著模型规避了单一灰度特征对检测结果的影响，提高了检测率，但由于计算特征较多，这些算法要明显慢于灰度属性统计算法（田明辉等，2008）。

时频分析变换算法对影像全局或局域实施某种变换，获取相对平稳的特征，以此表示区域内的一致性以及区域间的差异性。小波变换（wavelet transform）是集成数学、计算科学和信号处理学的新理论，近些年广泛用于图像增强、边缘检测、纹理分析等图像处理和模式识别领域。基于直方图小波变换的图像分割、小波分解下的子频图像融合等方法被证实具有较高的海上舰船检测精度和应对复杂海面杂波的鲁棒性（罗强等，2002; Tello et al., 2005; 李晓玮和种劲松，2007）。Radon 变换在提取线性特征方面具有明显的优势，它通过计算影像沿各个方向的投影检测舰船尾迹，识别海上舰船（Rey et al., 1990; 王世庆和金亚秋，2001）。该算法不但能够同时检测海上舰船和尾迹，还能获取方向、速率等舰船轨迹特征参数（Copeland et al., 1995; 周红建等，2000）。然而，相比于海上舰船本身，舰船尾迹特征复杂易变（强度的波动、形状的弯曲），为舰船尾迹的检测带来了困难。同时，Radon 变换运算较为复杂、效率不高，对数据量较大的影像处理速度很慢。

相对于 SAR 影像的舰船检测，光学影像中海上舰船易被云（阴影）覆盖，目标灰度分布不均匀，与海面背景区分度不明显，不易检测（唐沐恩等，2011）。然而，光学影像更加方便的数据获取、更加丰富的光谱信息、更加长期的观测序列吸引着人们不断尝试进行光学影像中海上舰船检测的可行性。Zhu 等（2010）基于形状和纹理特征，建立了一种从粗到细的分层虚警排查机制，有效地甄别了多种光学影像上的海上舰船目标。Tang 等（2015）结合深度神经网络和极限学习机算法，解决了云雨覆盖的复杂海面背景下光学影像舰船识别的难题。尤晓建等

（2005）提出了在多光谱和全色影像上分别分割目标，再将目标特征融合的光学影像海上舰船自动化提取方案。汪闽等（2005）通过船舶靠岸停泊使得多边形凸出特征大致确定可能的靠岸区域，进一步通过形状特征进行分析，并通过确定阈值进行图像分割。蒋李兵（2006）依据选择性注意机制的原理，引入感兴趣区域概念，提出了基于高分影像的舰船检测方法。Corbane 和 Petit（2008）提出基于 SPOT 5 高分影像全色波段的舰船检测方法。赵英海等（2008）选用局部统计方差作为目标检测特征，提取不同亮度海上舰船的统一特征以消除异质海面背景的影响，通过 Contrast Box 自适应滤波确定局部目标检测阈值，完成海上舰船目标的定位。

2）海洋油气开发平台识别研究

与海上舰船自动检测相比，海洋油气开发平台识别的研究相对较少且多基于雷达影像，基于光学遥感图像的油气开发平台研究起步较晚，公开报道的学术文献也相对较少。海洋油气开发平台和海上舰船遥感影像特征相似，但海洋油气开发平台具有位置相对不变的特征。部分海洋油气开发平台的识别研究首先利用海上舰船检测算法提取海上目标，再通过多时相海上目标比对去除虚警完成。海洋油气开发平台识别研究根据采用遥感数据集的差异可分为基于中低空间分辨率影像的夜间灯光/火光数据、基于中等空间分辨率 SAR 影像的和基于中等空间分辨率光学影像的三类识别方法（表 1-1）。

表 1-1　海洋油气开发平台遥感影像识别方法综述

影像数据集	分辨率范围/m	识别目标	研究方法	文献来源
中低空间分辨率 夜间灯光/火光数据 （ATSR, MODIS, DMSP/OLS, VIIRS DNB）	450～1000	伴生天然气 焚烧点 碳排放估算	目视解译、 空间滤波、 阈值分割	Casadio 等（2012） Anejionu 等（2015） Croft（1973,1978） Matson 和 Dozier（1981） Elvidge 等（2009, 2016） 苏泳娴等（2013） 李强等（2017） Liu 等（2018a）
中等空间分辨率 SAR 影像 （ENVISAT ASAR, RADARSAT-2 SAR, TerraSTAR-X）	10～150	海洋油气 开发平台	CFAR、 多时相比对	Chen 等（2011） Cheng 等（2013） 王加胜等（2013） 万剑华等（2014）

续表

影像数据集	分辨率范围/m	识别目标	研究方法	文献来源
中等空间分辨率 光学影像 （Landsat TM/ETM+/OLI）	30	海洋油气 开发平台	CFAR、 概率分割、 滑动窗口、 LFDM 多时相比对	孟若琳和邢前国（2013） Xing 等（2015） Liu 等（2016a, 2016b） Anejionu 等（2014） 赵赛帅等（2017）

海洋油气开发平台在油气生产过程中，将伴生天然气焚烧以分离油气。此外，在夜间油气开发平台上的灯光也使得其成为周边海域显著的目标。因此，检测海上夜间固定火光、亮光区域成了海洋油气开发平台遥感识别的一种有效手段。基于中低空间分辨率夜间灯光/火光数据的海洋油气开发平台识别方法主要是利用AVHRR、MODIS、ATSR 影像的红外波段或是 DMSP/OLS、VIIRS DNB 的夜间灯光/火光产品。如 Croft（1973, 1978）通过夜间灯光照片对油气公司的天然气排放燃烧、地理位置和燃烧量等信息进行了分析。Matson 和 Dozier（1981）从夜间AVHRR 影像中提取出了 6 个伴生气燃烧点。Casadio 等（2012）选用夜间 ATSR（along track scanning radiometer）短波红外 1.6μm 的大气顶端反射率，设定两倍探测器噪声强度作为固定阈值，提取了 2008 年北海区域的海洋油气开发平台的空间分布。Anejionu 等（2015）利用 3×3 的高通滤波器增强目标在夜间 MODIS 的中红外 22 波段（3.96μm）的反射率差异，经过双重阈值分割分析了 2000～2014 年的尼日尔三角洲天然气焚烧源分布变化。DMSP/OLS 夜间灯光数据是一种低光探测数据源，具有易获取、数据量小、能够探测到低强度光以及不受光线阴影影响等优点（王鹤饶等，2012），是人类活动等大尺度监测的良好数据源。Elvidge 等（2009, 2016）使用 DMSP/OLS 夜间灯光数据估计了 1992～2008 年全球每年的伴生气燃烧量和燃烧效率，并根据伴生气燃烧效率估算了原油生产量。李强等（2017）基于 VIIRS DNB 产品，提出一种卷积运算临界值法，调查了 2014 年 5 月南海北部的海洋油气开发平台分布现状。Liu 等（2016a）提出基于时间序列灯光数据（DMSP/OLS 和 Suomi-NPP VIIRS DNB）判别南海的油气开发所产生的伴生天然气焚烧点。为解决离岸小岛（在夜间产生灯光）与油气开发平台（既有夜间灯光、部分平台也有伴生天然气焚烧信号）混分难题，Liu 等（2018b）进一步基于时序VIIRS 夜间火光数据，采用面向对象的方法识别全球尺度工业热源分布及类型（含离岸油气开发点）。从严格意义上说，基于夜间灯光/火光数据的遥感提取与监测，只能近似地判定散逸出灯光、火光信息的油气开发平台的大致位置；未装备燃烧装置的、没有夜间灯光或者夜间灯光微弱的油气开发平台不能被准确提取。此外，受制于夜间灯光、夜间火光数据的空间分辨率（450～1000m），空间邻近的油气

开发平台将被合并，因此，通过时间序列夜间灯光、火光产品很难精确判定区域海洋油气开发平台数量。

基于中等空间分辨率 SAR 影像的海洋油气开发平台识别结合多时相影像与海上舰船检测算法完成。Chen 等（2011）借鉴双参数 CFAR 算法检测 2009～2010 年的 4 景 ENVISAT ASAR 上的海上目标，通过多时相目标比对识别了南海西部的海洋油气开发平台分布。Cheng 等（2013）针对 ENVISAT ASAR 影像，采用双参数恒虚警率算法，提出三角形不变规则来实现固定目标的自动匹配，从而实现舰船和油气开发平台的分离。王加胜等（2013）根据海洋油气钻井平台位置不变特性，基于双参数恒虚警率算法提取两景 ENVISAT ASAR 影像中的海上目标，并对比两个时期的提取结果，去除移动的舰船虚警，实现海上油气钻井平台的提取。万剑华等（2014）采用 1 景 RADARSAT-2 SAR 影像和 2 景 TerraSTAR-X 影像进行亮目标检测，然后根据舰船与平台的形状差异以及舰船的尾迹特征进行判断，初步识别出油气钻井平台，并将结果叠合验证识别精度。

与光学遥感影像相比，SAR 数据源较少。目前，公开使用的 SAR 图像主要为欧空局（ESA）于 2014 年 4 月 3 日发射的 Sentinel-1 卫星，但其空间覆盖率和观测数量不足，限制了大范围海洋开发平台的提取（附图 4）。然而，在过去的几十年里，各国发射了一系列光学卫星，包括 Landsat1-8、IRS、CBERS 01/02/02B、GF-1/2 和 ZY-3。与 SAR 图像相比，这些光学卫星提供了更高的空间、时间和光谱分辨率的图像（Loveland and Dwyer, 2012; Wulder et al., 2012; You and Pei, 2015）。在光学卫星系列里，以 Landsat 系列卫星的服务周期最长，数据最为齐全，且面向全球用户免费使用，基本具有对全球油气平台监测的能力（Pahlevan et al., 2014; Roy et al., 2014; Woodcock et al., 2008; Stone, 2010）。因此，基于中等空间分辨率光学影像的海洋油气开发平台识别主要基于 Landsat TM/ETM+/OLI 时间序列。孟若琳和邢前国（2013）以及 Xing 等（2015）针对单一时相的 Landsat 影像实施目标有无判定、迭代阈值选取和滑动窗口识别三个步骤，获取了海上的船舶和平台目标，但并不能将两者区分。Anejionu 等（2014）基于无云的 Landsat 卫星影像的近红外和热红外波段，采用辐射和空间滤波操作，通过提取 1984～2012 年尼日尔三角洲伴生气燃烧火炬而获得油气开发平台的精确位置，准确率达到 86.67%。Liu 等（2016b）依据 Landsat-8 OLI 影像上海洋油气开发平台的纹理特征、大小不变和位置不变特征，采用多层降噪优化和时间序列累加策略，自动化提取了波斯湾、墨西哥湾和泰国湾的海洋油气开发平台位置，漏、误判率仅为 3.8%、1.0%。赵赛帅等（2017）采用多滑动窗口动态阈值初步识别 Landsat TM/ETM+影像上的疑似海洋平台开发目标，经过多期影像叠合去除虚警，筛选出分布于南海南部的海洋油气开发平台。

1.2.2　海上油气开发活动监测现状

在海上油气活动监测方面，相关研究较少且主要集中在利用夜间灯光 DMSP/OLS 数据进行海洋油气开发平台伴生天然气焚烧排放量的估算方面。多时期 DMSP/OLS 数据相对定标，形成时间上连续、数值上可比的数据集是夜间灯光 DMSP/OLS 数据长时期动态监测的必要前提。同时，本书将构建全球尺度的夜间灯光 DMSP/OLS 相对定标数据（第 5 章），也将北海区域的海上石油估产模型向南海海域跨区域移植。因此，本书首先综述广泛使用的数种夜间灯光 DMSP/OLS 数据相对定标方法，再进一步评述基于夜间灯光 DMSP/OLS 数据的海洋资源能源活动监测研究进展。

1）夜间灯光 DMSP/OLS 校正研究

美国国防气象卫星计划（Defense Meteorological Satellite Program, DMSP）的业务型线扫描传感器（operational linescan system, OLS）具有夜间探测地表微弱近红外辐射的能力，提供的全球夜间灯光 DMSP/OLS 数据广泛地应用于人类活动、能源消耗和环境监测等研究（Elvidge et al., 1999; 曹子阳等，2015）。然而，1992～2013 年 DMSP/OLS 数据来源于 6 个传感器（F10, F12, F14, F15, F16, F18），不同传感器数据采集时间的差异导致了多时相夜间灯光 DMSP/OLS 数据存在较大偏差（Pandey et al., 2017）。由于缺少星上定标参数，夜间灯光 DMSP/OLS 数据校正多借鉴光学遥感中相对辐射定标的思路——寻找亮光稳定的"伪不变"区域进行多期数据的经验关系拟合（Elvidge et al., 2009）。按照应用范围的不同，这种相对校正可分为区域性和全球性两种（表 1-2）。

表 1-2　夜间灯光 DMSP/OLS 相对校正方法综述

应用范围	亮光稳定地区	参照影像	经验模型	文献来源
区域	鸡西、鹤岗（中国）	F16 2007	二阶多项式	Liu 等（2012） 曹子阳等（2015）
	辽宁中部（中国）	F14 2000	线性	Wei 等（2014）
	英格兰西南部	F12/14 2004	六阶多项式	Bennie 等（2014）
	勒克瑙（印度）	F16 2007	二阶多项式	Pandey 等（2013）
	无（区域稳定地区）	F15 2001	线性	Li 等（2013）
全球	西西里岛（意大利）	F12 1999	二阶多项式	Elvidge 等（2009） Elvidge 等（2014）
	洛杉矶（美国）	星上定标数据 2006	线性	Hsu 等（2015）
	波多黎各、毛里求斯、冲绳县（日本）	星上定标数据 2006	指数	Wu 等（2013）
	无（全球稳定地区）	F15 2000	二阶多项式	Zhang 等（2016）

区域性的夜间灯光 DMSP/OLS 数据相对校正方面,参照影像多选取灯光分布具有代表性且数值分布较广的一景数据(Pandey et al., 2017)。亮光稳定区域的选取建立在社会经济数据(如 GDP、建成区面积等)的基础上,在中国,东北地区成了亮光稳定区域的首选。Liu 等(2012)和曹子阳等(2015)分别选择黑龙江省的鸡西市和鹤岗市作为亮光稳定区域,相对校正各时期数据,经过年间数据均值合成以及对年际数据对比校正,获取了适用于中国的夜间灯光 DMSP/OLS 数据集。Wei 等(2014)以各年稳定且灯光非饱和的辽宁中部城建区作为灯光"伪不变"区域,校正了 2000~2010 年的夜间灯光 DMSP/OLS 数据,展现了城市群的空间扩张轨迹。在国外,Bennie 等(2014)选择英格兰西南部 150km×350km 的地区作为亮光稳定的定标区域,对欧洲 15 年间的夜间灯光 DMSP/OLS 数据进行相对校正,分析了欧洲各国的灯光亮度时空变化。Pandey 等(2013)以勒克瑙为定标区域校正夜间灯光 DMSP/OLS 数据,分析了印度十年间城市化发展过程。

全球性的夜间灯光 DMSP/OLS 数据相对校正过程与区域性相对校正相似,不过亮光稳定区域的选择更加依靠主观经验,且有单一区域和多重区域之分。单一区域校正方面,Elvidge 等(2009, 2014)选择了意大利的西西里岛为亮光稳定区域,利用二阶多项式相对校正 1992~2013 年的夜间灯光 DMSP/OLS 数据。以美国洛杉矶为亮光稳定区域,Hsu 等(2015)将不同的固定增益的夜间灯光数据相互匹配,产生了 1996~2010 年 8 期全球尺度的夜间灯光 DMSP/OLS 辐射定标数据。多重区域校正以 Wu 等(2013)为代表,真彩色合成 1992 年、2001 年和 2010 年的夜间灯光 DMSP/OLS 数据,选取合成影像上白光集中的波多黎各、毛里求斯和日本冲绳县为亮光稳定区域,利用指数模型相对校正了夜间灯光 DMSP/OLS 数据,校正后灯光亮度总和与全球的 GDP 数据的相关性显著提高。

此外,还存在着少量亮光稳定区域自动化选择的研究。这类研究假设大部分亮光区域在短时期内的灯光强度不会发生变化,明显变化的区域是非稳定区域。通过两个时期夜间灯光 DMSP/OLS 数据的灯光亮度散点图中迭代剔除异常离群点的方式(Li et al., 2013)或拟合分布最密集的特征线的方式(Zhang et al., 2016),自动选取用于区域或全球相对校正的亮光稳定区域。但是,此类研究的相对校正效果随着校正影像与参照影像之间时间跨度的增大而衰退。相比于亮光稳定区域的人工选择方法,该方法在年际间灯光亮度偏差的修正和社会经济数据相关性的提升方面都不具有明显优势(Pandey et al., 2017)。

综上所述,区域性的相对校正显著提高了校正后的灯光亮度与区域社会经济数据的相关性(Liu et al., 2012; 曹子阳等,2015),但这种模型跨区域的移植性较差,且在缩小数据年际间的灯光亮度偏差方面,区域性的相对校正效果并没有明显优于全球性的相对校正(Pandey et al., 2017)。单一区域和多重区域的全球性的相对校正数据在灯光亮度偏差的修正方面效果相近,但多重区域的全球性相对校正无论与 GDP 还是与电力消耗数据都体现出更加显著的相关性,因而具有更广泛的应用前景（Pandey et al., 2017）。

2）海洋资源能源活动监测研究

与常规的遥感卫星影像相比，夜间灯光数据能更好地描述人类活动，广泛适用于社会、经济、能源等许多领域，其应用范围经历着由陆地向海域的逐步转化（Huang et al., 2014; 李德仁和李熙，2015）。夜间灯光数据监测海洋资源能源活动主要用于海洋渔业监测和伴生天然气焚烧监测两个方面。

渔船作业是海域夜光的重要来源——渔民利用海洋生物的夜间趋光性，在渔船上装载大功率的照明灯泡开展夜间渔业活动，这为遥感渔业信息的获取提供了可能性。Waluda 等（2004, 2008）验证了夜间灯光 DMSP/OLS 数据与定位系统获取鱿鱼船队信息的高一致性，进而追踪大西洋西南部鱿鱼捕捞空间轨迹，发现了捕捞范围与捕捞量的正相关关系。Kiyofuji 和 Saitoh（2004）利用夜间灯光 DMSP/OLS 数据分析了 1994～1999 年日本鱿鱼船队的时空分布规律，将日本划分成 7 个捕捞区推测鱿鱼群迁徙路线。Cho 等（1999）通过 DMSP/OLS 热红外数据反演日本海的水温信息，得出渔船多分布在冷暖流交界处冷流一侧的结论。此外，海洋油气开发平台的伴生天然气焚烧监测是海洋夜间灯光数据应用的重要组成部分。Elvidge 等（2009, 2015）分别利用相对校正后的夜间灯光 DMSP/OLS 数据和 VIIRS 数据，拟合了灯光亮度总和与伴生天然气焚烧排放量的关系，估算了全球各国 1992～2013 年的天然气焚烧排放量与排放效率的变化。

然而，利用夜间灯光数据进行海上石油产量的关联分析尚处于尝试阶段，仅有少量研究间接评估了这一方面的可能性。以夜间灯光 DMSP/OLS 数据估算的伴生天然气焚烧排放量为媒介，Elvidge 等（2009）评价了 2007～2008 年全球的伴生天然气焚烧效率，进一步拟合了伴生天然气焚烧效率与石油产量的关系，得出两者之间无显著相关的结论。夜间灯光数据上的海上油气生产火光、渔业作业灯光以及背景噪声相互混淆，该研究没有将油气生产火光单独分离而是以海上灯光整体建立与石油产量的联系，因而难以取得良好效果。Casadio 等（2012）利用基于 ATSR 和 SAR 影像提取的北海伴生天然气焚烧源结果，分析了 2002～2010 年伴生天然气焚烧源的数量与北海石油产量之间的关系，发现两者在年际变化趋势与季节变化量上均存在一定的线性相关关系。该研究仅考虑海上焚烧源的数量，忽略了焚烧源的灯光亮度，而夜间灯光亮度直观反映了人类的活动强度，若将海上焚烧源数量与亮度相结合，有望进一步提高夜间灯光数据与石油产量的相关性。

1.2.3 研究现状评述

综上所述，现有的海洋油气开发平台识别可利用空间分辨率大于 450m 的中低分辨率夜间灯光/火光数据，但识别精度仅达到数十米，难以分辨单个或多个油气平台，同时可能忽略没有或仅有少量伴生天然气焚烧的平台。此类方法的识别对象适合定义为伴生天然气焚烧源而非海洋油气开发平台本身。与其相比，中等空间分辨率 SAR 影像（<150m）能够保证海洋油气开发平台识别结果的真实性。但 SAR 影像采集效率较低，现存数据量较少，不能满足大范围空间覆盖的要求，多时相比对的识别方法更加突显这一缺陷。与 SAR 影像相比，中等空间分辨率光学影像具有更为丰富的光谱信息、更大范围的空间覆盖、更加持续的时间采集等优点。但是，目前海洋油气开发平台识别仅涉及利用单一数据源在空间上（特定时期位置分布）的识别。如何挖掘海洋油气开发平台在时间上（特定平台工作时期）、属性上（平台大小、类型、水深等）的识别方法，实现海洋油气开发平台多维信息长时间动态监测有待进一步研究。

另外，目前海洋油气开发活动监测多局限于单一影像数据源，国内外尚未形成业务化的海洋油气开发活动监测技术以及跨区域的海洋油气开发数据库。一方面，仅利用 SAR/光学影像调查某一时期的海上油气开发平台空间分布，缺乏对海上油气开发平台进行长时期（存在时长、工作状态等）和多属性（平台大小、类型等）的深入挖掘；另一方面，仅利用夜间灯光 DMSP/OLS 数据，在没有准确分离海上石油生产灯光的前提下，建立离岸伴生天然气焚烧源数量/排放量与海上石油产量的联系，导致两者关联并不显著。因此，本书尝试综合多源、多时相、多空间分辨率遥感影像数据全方位动态监测南海油气生产活动。然而，利用多源遥感技术对海洋油气生产活动监测面临一系列挑战与技术难点：①在无/稀少地面控制点的海域，如何相对统一定位精度迥异的多源影像数据集（影像配准难）；②在浩瀚海洋的复杂背景下，如何精确识别目标小、影像特征微弱的油气平台（位置提取难）；③基于平台目标和多源影像时间序列，如何深入挖掘平台的多维状态/属性信息（属性获取难）；④对于影像可见的油气平台，如何有效建立海上石油产量与遥感特征的关联（产量估算难）。

1.3 研究目标与内容

1.3.1 研究目标

本书内容以国家高技术研究发展计划（863 计划）项目子课题"南海及其邻域空间情势综合分析与决策模拟系统"和国家重点研发计划项目子课题"全球海陆油气资源开采与环境动态监测及变化分析技术"为支撑，针对南海各类油气资源数据匮乏与油气开发整体过程理解欠缺的现状，综合长时间序列、协同低-中-高多分辨率、集成光学-雷达、白天-夜间在内的多源遥感影像，阐述海洋油气开发平台空间位置识别方法、属性状态提取方法和石油产量估算模型，建立南海空间、时间全覆盖的、海洋油气开发平台"位置-属性-产量"一体化集成的数据库，厘清南海整体及周边各国海洋油气开发历程，为我国实施海上能源开发、海域安全管理、领海主权维护等战略提供技术支持和决策辅助。

1.3.2　研究内容

本书主要内容从海洋油气开发平台空间位置识别、海洋油气开发平台状态属性提取和海洋石油产量估算探索性研究三个方面展开（图1-2）。

（1）海洋油气开发平台空间位置识别。海洋油气开发平台目标小，影像特征微弱且易与舰船、云雾、噪声等混淆，构成了海洋油气开发平台识别的主要技术难点。本书基于海洋油气开发平台的位置不变和大小不变等特征，构建影像时间序列，提出适用于夜间灯光、光学/雷达影像的海洋油气开发平台空间位置的识别方法。首先，综合顺序统计滤波、自适应阈值分割、数学形态学运算等多种图像处理技术，提出单一影像的海上目标检测算法。其次，利用高定位精度影像辅助校正低定位精度影像，保证多源影像海域空间定位精度的相对统一。最后，提出基于多源影像时间序列的累计频次和出现频率的海上目标去噪方法，获取海洋油气开发平台的空间位置信息。

（2）海洋油气开发平台状态属性提取。平台状态属性信息可以评估海洋污染、促进海洋管理，但利用遥感手段对其监测尚处于起步阶段。研究构建平台在中分时间序列影像支持下，结合高分影像上的形态特征，提取南海海洋油气开发平台的工作状态、大小/类型、作业水深、离岸距离等多维状态属性信息。首先，统计滑动窗口中平台的检测时间序列频次总和，提出了基于时间序列模式识别的海洋油气开发平台工作状态判定方法。其次，建立中分时序平台均值大小与高分影像平台解译大小的经验修正函数，提出基于时间序列统计量的海洋油气开发平台大小/类型识别方法。最后，通过叠合平台空间位置与疆界矢量、水深栅格等辅助数据，分析海洋油气开发平台作业水深和离岸距离变化趋势。

（3）海洋石油产量估算探索性研究。如何建立海洋石油产量与影像特征空间的联系，是海上石油产量遥感估算的主要难题。本书利用夜间灯光DMSP/OLS数据量化海洋石油开发强度，模拟海洋石油开发平台对应的夜间灯光亮度"体积"，构建石油产量遥感估算模型。首先，提出亮光伪不变像元识别方法，完成全球尺度下多时相夜间灯光DMSP/OLS数据的相对定标。其次，提出夜间灯光DMSP/OLS数据下空间、时间的多元统计量的分类方法，高精度分离海上石油生产对应的夜间灯光。最后，构建耦合平台位置和灯光强度的海洋石油产量估算模型。值得注意的是，由于南海油气统计数据极为匮乏，这部分内容首先以欧洲北海的油气生产数据构建海上石油产量估算模型，然后尝试将其应用到南海海洋石油产量变化分析中，进一步探讨模型移植的可能性与不确定性。

本书内容与研究技术路线图见图1-2。

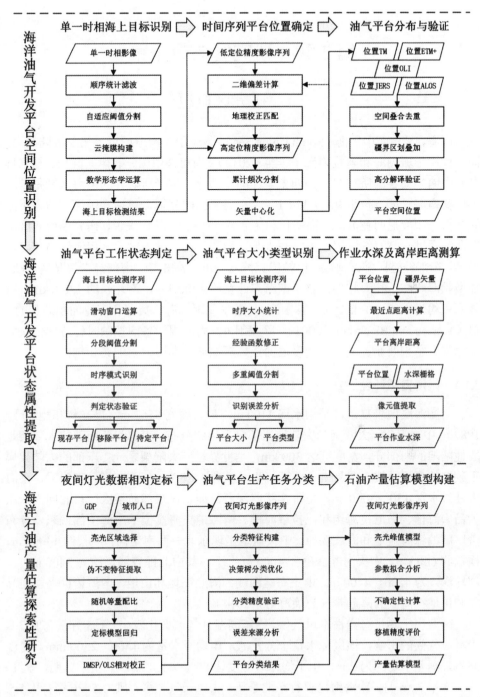

图 1-2 研究技术路线图

第 2 章　研究区与数据集

2.1　研究区概况

南海，又称南中国海（South China Sea），是位于东南亚的世界第三大陆缘海，面积仅次于珊瑚海和阿拉伯海（汪熙，2012）。南海被中国、菲律宾群岛、马来群岛及中南半岛各国所环绕，为西太平洋的一部分。本书所研究的南海区域是国际上广义南海区域，位于 99°～124°E、3°S～23°N 的海域，包括泰国湾、马六甲海峡和部分印度尼西亚海域（冯文科和鲍才旺，1982）。具体来说，研究的南海区域东北部通过台湾海峡、巴士海峡与太平洋相通，西南部通过马六甲海峡与印度洋相连，东部经过民都洛海峡、巴拉巴克海峡与苏禄海相接，南部经卡里马塔海峡、加斯帕海峡与爪哇海相邻。整个南海东西宽约 1380 km，南北长约 2380 km，海域面积约为 3.8×10^6 km²（含泰国湾），近乎我国渤海、黄海和东海面积总和的 3 倍（Morton and Blackmore, 2001）。除我国外，南海周边各国按顺时针方向依次为菲律宾、马来西亚、文莱、印度尼西亚、新加坡、泰国、柬埔寨和越南。

2.1.1　南海自然环境

南海海底地貌复杂，平均水深 1100 m，最大深度 5567 m（冯文科和鲍才旺，1982）。中央海盆、大陆架和大陆坡三部分呈环状分布，南部和西南部的大陆架是巽他陆架的一部分，宽度可达 300 km，是世界宽广大陆架之一；东部的大陆架属于狭窄的岛屿陆架，在吕宋岛北部，宽度仅为 4～5 km（王志邦等，2013）。南海大陆坡水深 150～3000 m，呈阶梯状向深海延伸。在东部岛架区，自北向南依次为吕宋海槽、马尼拉海沟和巴拉望海槽。南海中央海盆位于南海中部偏东，分布着广阔的深海盆地和海底高原。中央盆地呈现东北—西南走向，纵长约 1400 km，横宽约 660 km。中央海盆深度在 4000 m 上下，其中北部较浅，约为 3400 m；南部较深，为 4200～4400 m。中央海盆两侧为海底高地和山地，南海诸群岛就是高原和山地在海底的隆起带（赵焕庭等，2014）。

南海属于热带海洋性季风气候，终年高温且气温变化较小（王志邦等，2013）。受季风气候的影响，该区降水量十分充沛，年均降水量为 1500～2500 mm，盐度 35‰，潮差平均约为 2 m，年平均相对湿度达 80%以上，旱季、雨季分明。从 10 月～次年 3、4 月，南海海区盛行东北季风，大风天气较多，风力 5～6 级；从 5～

10 月，南海海区盛行西南季风，风力相对和缓，风力多小于 4 级；4 月前后为季风转换时期，风向多变，风力较弱（王启和丁一汇，1997）。与之对应，南海海域旱季为 11 月～次年 5 月，雨季为 6～10 月。南海海区气温分布全年差异不显著，年平均气温北部南亚热带为 21～23 ℃，中部热带为 23～28.3 ℃，南端赤道带为 26.5～27.5 ℃，气温变化梯度总体呈北高南低的现象（陈史坚，1983）。

　　南海属于不规则全日潮，平均潮差在 0.6～1.5 m，东部潮差较小（张荷霞等，2013b）。南海海浪较大，海流方向随季节风而变化且流速较小。在东北季风期，南海洋面盛行东北浪，涌浪月平均浪高 1.7～2.2 m；整个海区盛行西南海流，形成逆时针的大环流，表层流速约为 1 n mile/h，在越南沿岸加强到 2 n mile/h，海流至加里曼丹岛附近折向东流，在菲律宾沿海北上逆流（朱格利，2014）。在西南季风期，南海洋面盛行西南浪，涌浪月平均浪高 1.2～1.4 m；整个海区盛行东北流，流速小于 1 n mile/h，在越南中部沿海加强到 1 n mile/h 以上（王志邦等，2013）。在季风转换的 4～5 月和 9～10 月，季风引起的环流减弱，出现局部密度环流。

2.1.2　南海油气资源

　　南海处于亚欧、印度—澳大利亚和菲律宾板块之间，新生代历经了大陆边缘裂解、陆块漂移、俯冲、碰撞，中央海盆多期次扩张的复杂构造演化历史。南海北、东、南、西各大陆边缘性质迥异，形成了不同风格的含油气盆地，南海海域油气资源极其丰富，被称为世界四大油区之一。南海海域含油气盆地有 37 个，油气资源量约 449 亿 t，油气盆地面积约 128 万 km^2，占南海海域面积的 36.5 %（张荷霞等，2013a）。按油气盆地所处的地理位置，可以划分为南海北部盆地和中南部盆地（刘振湖，2005）。南海北部包括 4 个大型高丰度含油气盆地：珠江口盆地、莺歌海盆地、琼东南盆地和北部湾盆地；南海中南部包括 9 个大型高丰度含油气盆地：曾母盆地、万安盆地、中建南盆地、文莱—沙巴盆地、北康盆地、南薇西盆地、礼乐盆地、西北巴拉望盆地和笔架南盆地（表 2-1）。与南海北部相比，南海中南部在盆地形成初时处于更为封闭的海相环境，烃源岩分布面积和体积也都更大，因而南海南部的油气盆地规模更大，油气资源更加丰富（刘振湖，2005）。

　　南海油气资源的勘探开发是南海争端日益加剧的重要原因之一，如果说南海争端的核心是南沙群岛部分岛礁的主权归属和南海各国宣称海域的划界问题，那么南海油气资源的勘探开发就是各方战略利益的冲突重心（李国强，2014）。南海海域最重要的资源是其海底蕴藏的大量石油和天然气。1968 年，联合国亚洲及远东经济委员会（United Nations Economic Commission for Asia and the Far East）成立的"亚洲外岛海域矿产资源联合探勘协调委员会"（Committee for Coordination of Joint Prospecting for Mineral Resources in Asia Off-shore Areas）提出的勘察报告指出，南沙群岛东部和南部海域蕴藏着丰富的油气资源。据估计，南海诸岛附近海域可供开采的石油相当于全球的 12%。南海海域可观的储油量和开发前景被勘明后，南海周边其他国家竞相采取措施抢占岛礁，使南海争端开始白热化，1973 年之后发生的全球石油危机进一步加剧了南海其他各国对南海海域油气资源的争夺。

表 2-1　南海 13 个大型高丰度含油气盆地资源总量

分布区域	大型高丰度 盆地名称	石油远景资源量 /10^8 t	天然气远景资源量 /10^8 t	油气资源总量 /10^8 t
南海北部	珠江口盆地	28.87	10.98	39.85
	莺歌海盆地	0.00	22.80	22.80
	琼东南盆地	4.26	18.85	23.11
	北部湾盆地	9.70	0.85	10.55
南海中南部	曾母盆地	51.38	70.64	122.02
	万安盆地	25.54	15.77	41.31
	中建南盆地	29.71	11.24	40.95
	文莱—沙巴盆地	32.37	5.97	38.34
	北康盆地	22.10	16.17	38.27
	南薇西盆地	13.21	4.52	17.73
	礼乐盆地	8.16	5.62	13.78
	西北巴拉望盆地	6.85	6.79	13.64
	笔架南盆地	6.60	3.77	10.37

资料来源：新一轮全国油气资源评价，2005。

2.1.3　南海周边其他国家油气资源开发概况

除中国外，南海周边其他国家包括越南、菲律宾、马来西亚、新加坡、泰国、柬埔寨、印度尼西亚和文莱。这些国家大多在第二次世界大战前后独立，摆脱殖民统治后开始注重发展自身经济，油气资源逐渐成为本国经济发展的重要依靠，同时，作为发展中国家，随着经济的快速增长，其能源需求也在剧烈增长。自南海海域油气储藏前景被昭示后，南海周边其他国家开始非法占领南海岛礁，掠夺南海油气资源。

1）越南油气资源开发

越南为亚洲第三大石油生产国，石油生产集中在红河盆地（Song Hong basin）、富庆盆地（Phu Khanh basin）、九龙盆地（Cuu Long basin）、南昆山盆地（Nam Con Son basin）、马来—楚寿盆地（Malay-Tho Chu basin）、黄沙盆地（Hoang Sa basin）和中沙盆地（Truong Sa basin），石油资源量为 10.25 亿 t，天然气资源量为 2.45

亿 m^3（Song，2008）。由于资金匮乏和技术滞后，越南采取与西方国家大型石油公司合作的方式勘测开发南海油气资源（陈洁等，2007）。通过产量分成合同制、降低税收和扩大勘探区等措施，吸引西方国家的大型石油公司投资南海油气开采，同时通过西方大国的介入使南海问题国际化。据统计，越南单方面划出的石油招标区块达到 215 块，甚至覆盖了我国西沙和南沙的部分海域（黄少婉，2015）。

2）菲律宾油气资源开发

菲律宾在南海油气资源争夺中表现得最为积极，但受地理位置所限，目前仅开发出小型气田，石油产量一直不高（黄少婉，2015）。菲律宾同样通过引进外国石油公司参与油气勘探开发来抢占资源。自 1976 年起，美国 AMOCO 石油公司参与到南沙礼乐滩的油气资源勘探中，菲律宾不仅单方面授权国外石油公司在礼乐滩进行勘探开发，同时持续扩大石油区块进而对外招标。2003 年，菲律宾单方面划定并宣布了 46 个勘探区块进行公开招标，美国、英国、加拿大和澳大利亚等国的油气公司相继参与投标。2011 年 6 月，菲律宾允许外国油气公司对我国南海疆界内的第 3、第 4 油气开发区块进行勘测开发。截至 2006 年 1 月，菲律宾拥有探明天然气储量为 1100 亿 m^3，主要位于马拉帕亚天然气田，该气田位于我国南海断续线附近；其海上石油产量多数自西北巴拉望海域、礼乐滩和南苏禄海，其中巴拉望岛距离黄岩岛非常近，礼乐滩位于南沙群岛，其探区也在逐年深入我国南沙海域（李金蓉等，2014）。

3）马来西亚油气资源开发

马来西亚勘测开发早，油气产量大，是南海油气开发中获利最大的国家。早在 20 世纪 60 年代就在南海海域进行油气勘探，1985 年以后通过对外招标的方式，吸引其他国家的石油公司进行投资，但马来西亚的石油生产主导地位以及所有勘探、开发项目的所有权仍由其国有公司占有。通过这种方式，马来西亚与 33 家石油公司共同合作进行南海的油气资源勘测开发，并相继在曾母盆地内开发了 14 个油气田（李金蓉等，2014），其中目前已探明石油及天然气储量的 52% 来自曾母盆地（肖国林和刘增洁，2004）。马来西亚出口石油的 70% 产自南海，而石油出口占其国民生产总值的 20% 以上，拥有油气钻井最多。其石油生产从 1974 年的 1.1 万 t/d 增加到 2005 年的 10.8 万 t/d，天然气生产从 1974 年的 770 万 m^3/d 上升到 2005 年的 17 840 万 m^3/d（黄少婉，2015）。此外，位于南海西南部的马六甲海峡是国际航道的咽喉重地，马来西亚特殊的地理位置使其油气的生产运输从中获得很多便利。近些年来，马来西亚在与我国有争议的海域划出多个招标区块，以获取更多油气资源。

4）文莱油气资源开发

随着陆地石油和天然气储量的日渐减少，1964 年起壳牌（Shell）石油公司开始在文莱附近海域勘探近海油气资源，并拥有文莱的 7 个海上油田（郭渊，2013），从此奠定了文莱油气业在亚太地区能源市场的地位，1979 年最高峰时文莱的石油产量高达 24 万桶/d（高伟浓，1994）。油气开发一直是文莱国家财政收入的重要支柱，20 世纪 80 年代文莱的油气产值占 GDP 的比重高达 83.7%，之后随着非石油产业的发展，油气占 GDP 的比重逐渐下降，但仍占 35%左右（廖小健，2005）。1966 年文莱设立长 500 km、宽 100 km 的石油招标区块，侵入我国南沙海域约 4.4 万 km^2（陈洁等，2007）。目前，文莱对其宣称的经济专属区的 CA-1 和深水区内的 CA-2 石油区块进行了大范围的三维勘测，以上区域均位于我国九段线内。

5）印度尼西亚油气资源开发

长期以来，印度尼西亚在全球能源市场中都占有重要地位，石油和天然气已成为国民经济支柱产业。印度尼西亚已发现油气田 60 多个，已开发海上油气田 43 个，探明天然气储量约 26 200 亿 m^3，其中纳土纳气田位于纳土纳群岛以西，是印度尼西亚海上油气生产的主要区域，每年生产的液化天然气约为 800 万 t（Alfian，2009）。印度尼西亚在 20 世纪 70 年代进行油气勘测的东纳土纳群岛海域，与埃克森美孚（Exxon Mobil）公司合作的曾母盆地西北部 Natuna D-Alpha 气田，全部位于我国南沙海域，苏门答腊油气区等所在海域与我国具有主权争议。

南海周边越南、菲律宾、马来西亚、文莱、印度尼西亚等国家的经历相似，第二次世界大战结束后开始着重发展本国的经济，联合外国石油公司进行共同勘探开发，出口石油天然气提升经济实力。南海周边国家严重依赖南海油气资源，其中越南、马来西亚、文莱等国家依靠南海油气资源成为石油净出口国，菲律宾依靠南海油气资源的开发使其石油进口依赖度下降十余个百分点，而马来西亚的液化天然气出口量位居全球第二。能源消耗的日益增长和对南海能源的依赖将促使这些国家更大限度地深入我国海疆九段线内进行勘探和开采。

2.2　研究数据与预处理

研究数据集包括遥感影像数据、油气生产数据和南海基础数据。遥感影像数据逾 87 200 景，包括全球夜间灯光 DMSP/OLS 数据、Landsat 影像数据、SAR 影像数据和高分影像数据，以上数据用于南海油气开发平台的空间位置识别、状态/属性提取和石油产量估算。油气生产数据来源于南海海域外的海上油气生产重点区域（如欧洲北海、美国墨西哥湾等）的海上油气开发平台空间数据和统计数据，以上数据用于验证海洋油气开发平台状态提取的精度和石油产量估算模型的精度。南海基础数据包括南海各国宣称海域疆界矢量数据以及南海海底地形水深栅格数据，用于分析南海周边各国在南海以及争议区的油气开发趋势。研究数据集概况如表 2-2 所示。

表 2-2　研究使用数据概况

数据类型	数据名称	时间范围	数据量	数据质量	来源
遥感影像	DMSP/OLS 产品	1992～2013 年	34 景	空间分辨率：30″（约 900 m）	NGDC
	Landsat-4/5 TM	1992～2011 年	48 260 景	空间分辨率：30、120 m	USGS
	Landsat-7 ETM+	1999～2013 年	17 250 景	空间分辨率：15、30、60 m	USGS
	Landsat-8 OLI	2013～2016 年	8848 景	空间分辨率：15、30、60 m	USGS
	JERS-1 SAR Mosaic	1993～1998 年	86 块	空间分辨率：0.8″（约 25 m）	JAXA
	ALOS-1 PALSAR	2006～2011 年	12 776 景	空间分辨率：12.5、100 m	ASF
	资源三号和高分一号	2012～2015 年	79 景	空间分辨率：2、4、8 m	CRESDA
油气生产	BP 能源开发年鉴	1965～2016 年	12 条	时间分辨率：年	BP
	欧洲北海	1967～2015 年	1641 条	—	OSPAR
	英国、挪威、丹麦数据	1975～2014 年	743 条	时间分辨率：年、月	GOV.UK、FACTPAGES、ENS
南海基础	各国宣称疆界	2015 年	1 幅	—	GADM
	海底地形水深	2014 年	1 幅	空间分辨率：30″	BODC

2.2.1　遥感影像数据

1）DMSP/OLS 影像产品

美国国防气象卫星（DMSP）于 1976 年发射升空，是美国国防部实施的极轨卫星计划，运行于近极地太阳同步轨道，高度约 830 km，扫描带宽 3000 km，周期 101 min。DMSP 卫星采用的是双星运行体制，有两颗业务卫星同时运行，每天过赤道时间为 05:36 和 10:52，每 6 小时提供一次全球云图。DMSP 卫星系统均搭载可见红外成像线性扫描业务系统（OLS）传感器，OLS 包括 6 bit 分辨率的可见光、近红外通道（DN 值范围 0～63）和 8 bit 的热红外通道（DN 值范围 0～255）。空间分辨率 30″（约 900 m），覆盖范围为 –180°～180°E，– 65°～75°N，DMSP/OLS 夜间灯光数据可通过美国国家地球物理数据中心（National Geophysical Data Center，NGDC）网站下载（https://ngdc.noaa.gov/eog/dmsp/downloadV4composites. html）。DMSP/OLS 在夜间工作，数据获取容易，能够探测到城市灯光、小规模居民点、交通道路甚至车流等发出的强度很低的灯光，可以综合反映人类活动信息（Doll et al.，2006; Doll and Pachauri, 2010），且与 NOAA/AVHRR 的分辨率相当，为大尺度人类活动的动态监测提供一种独特的数据获取方式（陈晋等，2003）。

NGDC 提供的全球 DMSP/OLS 数据包括 4 种形式：①观测频率数据（Cloud Free Coverages），记录无云覆盖的所有观测次数。该数据可以识别出观测次数很少的区域，但某些时期存在着无云观测次数为 0 的区域。②平均灯光强度数据（Average Visible），记录全年灯光亮度的平均值。该数据没有经过灯光过滤处理，数值范围为 0～63（整型），无云观测次数为 0 的区域填充 255。③稳定灯光数据（Stable Lights），在平均灯光强度数据的基础上去除了短暂亮光，保留了稳定亮光，且将背景噪声标记为 0，数值范围为 0～63（整型）。④平均灯光 X Pct 数据（Average Lights X Pct），是平均灯光强度数据与无云观测比率的乘积，数值范围为 0～63（浮点型）。尽管含有短暂亮光的背景噪声，但该数据具有更加宽广的数值范围，且在能源定量估算等方面具有更好的成效（Nara et al., 2014）。因此，研究选用 1992～2013 年 34 景全球夜间灯光 DMSP/OLS 平均灯光 X Pct 数据（表 2-3）。

表 2-3　全球 DMSP/OLS 平均灯光 X Pct 数据产品分布

年份	传感器					
	F10	F12	F14	F15	F16	F18
1992	F101992					
1993	F101993					
1994	F101994	F121994				
1995		F121995				
1996		F121996				
1997		F121997	F141997			
1998		F121998	F141998			
1999		F121999	F141999			
2000			F142000	F152000		
2001			F142001	F152001		
2002			F142002	F152002		
2003			F142003	F152003		
2004				F152004	F162004	
2005				F152005	F162005	
2006				F152006	F162006	
2007				F152007	F162007	
2008					F162008	
2009					F162009	

年份	传感器					
	F10	F12	F14	F15	F16	F18
2010						F182010
2011						F182011
2012						F182012
2013						F182013

注：灰色底纹数据需要进行年际最大值合成。

　　对 1994 年和 1997～2007 年每年两景来源于不同传感器的夜间灯光 DMSP/OLS 数据（表 2-3）进行最大值合成，对其余年份影像产品不做处理，获得用于相对定标的 1992～2013 年共 22 景年际影像数据。采用最大值合成方式主要是考虑 1997～2003 年 F14 传感器存在少量采集数据的丢失[图 2-1（a）]，这部分 F14 传感器的丢失数据可用与其采集时间重叠的 F12（运行时间：1994～1999 年）和 F15（运行时间：2000～2007 年）传感器的数据补充[图 2-1（b）]。与均值合成[图 2-1（c）中圆圈]相比，最大值合成方式可以更好地保证数据恢复在时间上的准确性与空间上的一致性[图 2-1（d）中圆圈]。

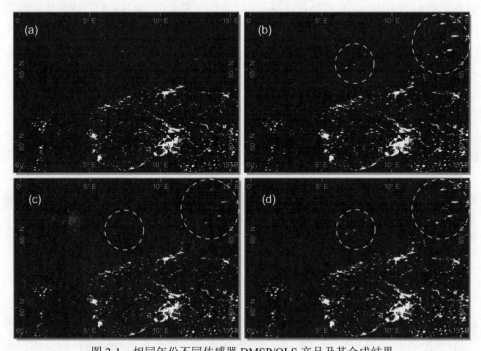

图 2-1　相同年份不同传感器 DMSP/OLS 产品及其合成结果

（a）F142000 DMSP/OLS 原始产品；（b）F152000 DMSP/OLS 原始产品；（c）F142000 与 F152000 均值合成产品；

（d）F142000 与 F152000 最大值合成产品

2）Landsat 影像数据

Landsat 系列提供了世界范围内持续时间最长的中等空间分辨率的卫星遥感数据，40 多年的影像数据被广泛地应用在农业林业、大气海洋、地貌地质和区域发展等诸多方面的全球变化监测中（Goward and Williams, 1997; Hansen and Loveland, 2012）。2016 年，美国地质调查局（U.S. Geological Survey, USGS）开始将 Landsat 存档数据重新组织成分层收集（collection）结构数据。目前，这种收集结构主要针对 Landsat level 1 数据，建立验证质量的、空间一致的影像存档，用于像素级别的时间序列和数据叠合分析。同时，USGS 采用收集结构不断提升存档数据的质量，并逐步覆盖所有获取的影像数据（USGS, 2016）。

与原始 Landsat 数据不同的是，Collection 1 影像数据按照空间定位精度将所有影像从高到低分成 L1TP、L1GT 和 L1GS 三个等级。L1TP 级数据经过辐射定标且结合地面控制点（ground control points, GCP）和 DEM 数据校正地形偏差，空间定位偏差一般小于 12 m，是 level 1 中质量最高的可用于时间序列分析的数据；L1GT 级数据经过辐射定标且结合航天器星历表和 DEM 数据校正地形偏差；L1GS 级数据经过辐射定标但仅通过航天器星历表修正地形偏差。此外，Collection 1 影像数据提供与 Landsat-4/5 TM、Landsat-7 ETM+和 Landsat-8 OLI/TIRS 传感器影像配套的质量评估波段（band of quality assessment, BQA）。质量评估波段采用 CFMask 算法（Foga et al., 2017）识别云（阴影）、陆地、海域、冰雪等地表覆盖并用 16 位无符号整型编码记录（详见 3.3.2 节）。

通过收集 Landsat 系列影像 74 358 景，且全部来源于 USGS 对地观测网站（https://earthexplorer.usgs.gov/），形成了空间上覆盖整个南海区域[图 2-2（a）～图 2-2（c）]、时间上覆盖 1992～2016 年（图 2-2）的 Landsat-4/5 TM、Landsat-7 ETM+和 Landsat-8 OLI Collection 1 影像数据，具体包括：

1992 年 1 月至 2011 年 11 月覆盖南海 150 个行/带的 Landsat-4/5 TM 影像共 48 260 景，其中 L1TP 数据 15 062 景、L1GS 数据 33 198 景。空间上，除了菲律宾以西海域的数个行/带影像分布略少（<200 景），其余海域影像分布充足，平均每个行/带覆盖影像 322 景[图 2-2（a）]；时间上，除了 2002～2004 年影像持续偏少（每月不足 60 景），其余时间影像分布均匀，平均每月影像 202 景[图 2-3（a）]。

1999 年 7 月至 2013 年 12 月覆盖南海 150 个行/带的 Landsat-7 ETM+影像共 17 250 景，其中 L1TP 数据 10 010 景、L1GT 数据 7240 景。空间上，沿海岸的行/带影像分布较多（>150 景），而海域中心的行/带影像分布较少（<100 景），平均每个行/带覆盖影像 115 景[图 2-2（b）]；时间上，影像分布呈现出明显的夏季偏少的现象，尤其是在 2003 年夏季（每月不足 30 景），其余季节影像分布较多，平均每月影像 99 景[图 2-3（a）]。

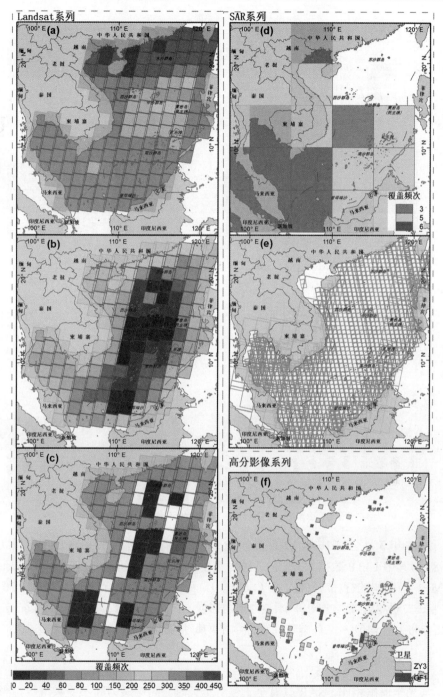

图 2-2　多源遥感影像南海空间覆盖频次分布

（a）～（c）分别为光学影像 Landsat-4/5 TM、Landsat-7 ETM+和 Landsat-8 OLI 南海覆盖频次分布；（d）和（e）分别为 SAR 影像 JERS-1 SAR Mosaic 和 ALOS-1 PALSAR 南海覆盖频次分布；（f）为高分影像（ZY-3、GF-1）

南海覆盖范围

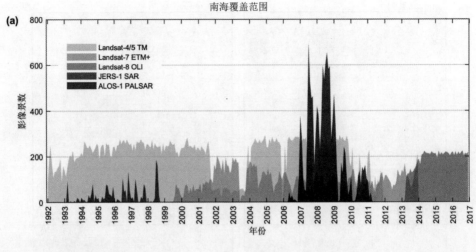

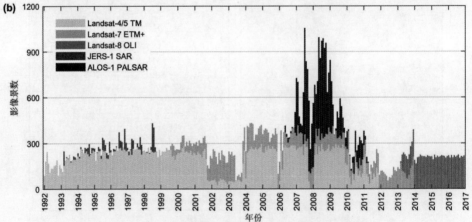

图 2-3　多源遥感影像南海时间（月际）覆盖频次分布
（a）为各个传感器影像南海分布频次分布；（b）为所有传感器影像南海累计频次分布

2013 年 3 月至 2016 年 12 月覆盖南海 130 个行/带的 Landsat-8 OLI 影像共有 8848 景，其中 L1TP 数据 5203 景、L1GT 数据 3645 景。空间上，分布类似 Landsat-7 ETM+，沿海岸的行/带影像较多（>60 景），而海域中心的行/带影像很少（20 个行/带缺失观测影像），平均每个行/带覆盖影像 68 景[图 2-2(c)]；时间上，Landsat-8 OLI 分布十分均匀，没有季节性差异，平均每月影像 192 景[图 2-3（a）]。

3）SAR 影像数据

与光学遥感相比，SAR 具有全天候、全天时、高穿透力和不受大气传播影响等优点（Gens and Vangenderen, 1996; Krieger and Moreira, 2006），多源 SAR 数据与光学遥感数据相互补充，有利于影像时间序列的时间尺度更加精细。本书所用的 SAR 影像包括空间上覆盖整个南海区域[图 2-2（d）、图 2-2（e）]，时间上覆盖 1993～1998 年、2006～2011 年的 JERS-1 SAR Mosaic 和 ALOS-1 PALSAR 数据[图 2-3（b）]。其中，JERS-1 SAR Mosaic 数据来源于日本宇宙航空研究开发机构（JAXA, http://www.eorc.jaxa.jp/en/index.html），ALOS-1 PALSAR 获取于美国阿拉斯加卫星设施（ASF, https://vertex.daac.asf.alaska.edu/）。

JERS-1 卫星由 JAXA 研发，于 1992 年 2 月 11 日发射，1998 年 10 月 11 日失效。JERS-1 上携带的 SAR 传感器幅宽 75 km，采用 HH 极化方式，中心频率为 1.3 GHz（L 波段），空间分辨率为 18 m（表 2-4）。2016 年 10 月 JAXA 发布的全球覆盖的 JERS-1 SAR 年际 Mosaic 数据（Shimada et al., 2014）——每块 Mosaic 数据由 25 个 1°×1° 的小块组成，覆盖 5°×5° 的空间范围，空间分辨率为 0.8″（约 25 m）；每块 Mosaic 数据包含 4 种影像：后向散射系数、数据掩模、当地入射角和观测日期，共收集了 1993～1998 年覆盖南海的 86 块 JERS-1 SAR Mosaic 数据。在空间上，主要覆盖南海 15°N 以南海域（累计频率 5～6 次），而在 15°N 以南、105°E 以东海域缺少有效观测[图 2-2（d）]；在时间上，影像获取集中在夏、秋季，不同月份影像数量差异较大，平均每月影像 31 景[图 2-3（a）]。

ALOS-1 卫星是 JERS-1 卫星的延续，于 2006 年 1 月 24 日发射，2011 年 5 月 12 日失效。ALOS-1 上搭载的 PALSAR 传感器具有可调节的偏振、分辨率、幅宽和角度，进而具备 4 种观测模式：精细光束单极化（FBS）、精细光束双极化（FBD）、宽幅扫描（WB）和全极化（PLR），具体参数见表 2-4。研究获取 2006 年 5 月至 2011 年 4 月 ALOS-1 PALSAR 影像 12 776 景，其中 FBS 影像 5344 景、FBD 影像 7052 景、WB 影像 183 景、PLR 影像 197 景。在空间上，除了北部湾覆盖影像较少外，其余海域影像分布充足，且 WB 影像沿海岸分布趋势明显；在时间上，影像获取的高峰在 2007～2009 年，集中分布在夏、秋季，不同月份影像数量差异较大，平均每月影像 213 景[图 2-3（a）]。

表 2-4 SAR 影像工作模式与参数信息

传感器	中心频率/波段	工作模式	极化方式	空间分辨率/m	幅宽/km
JERS-1 SAR	1.3 GHz（L 波段）	标准	单极化 HH	18	75
ALOS-1 PALSAR	1.27 GHz（L 波段）	精细光束	单极化 HH 或 VV	10	70
			双极化 HH+HV 或 VV+VH	20	70
		扫描	宽幅 HH 或 VV	100	250～350
		极化	全极化 HH+HV+VV+VH	30	30

4）高分影像数据

本书所用的高分影像数据为国产卫星资源 3 号（ZY-3）和高分 1 号（GF-1），来源于中国资源卫星应用中心（CRESDA, http://www.cresda.com），用于南海油气开发平台位置和属性的验证。

ZY-3 是我国首颗国产民用高分立体测图卫星，于 2012 年 1 月 9 日发射成功。ZY-3 搭载着前、后、正视相机，可提供光谱范围为 0.5～0.8 μm、空间分辨率为 2.1～3.5 m、幅宽为 52 km 的全色影像。此外，ZY-3 还携带一台包括 4 个波段（Band1 Blue：0.45～0.52 μm，Band2 Green：0.52～0.59 μm，Band3 Red：0.63～0.69 μm，Band4 NIR：0.77～0.89 μm）的多光谱相机，空间分辨率为 6 m，幅宽为 52 km，重访周期为 5d。研究收集 2012～2014 年 ZY-3 多光谱影像 33 景，分布于南海油气开发平台集中分布的海域[图 2-2（f）]。

GF-1 是国家科技重大专项"高分辨率对地观测系统"的首发卫星，于 2013 年 4 月 26 日发射升空。GF-1 搭载了 2 台全色多光谱相机（PMS）和 4 台宽幅多光谱相机（WFV）。PMS 全色影像光谱范围为 0.45～0.9 μm，空间分辨率为 2 m，多光谱影像空间分辨率为 8 m，2 台相机组合的幅宽为 60 km，重返周期为 4d；WFV 影像空间分辨率为 16 m，4 台相机组合的幅宽为 800 km，重访周期为 2d。GF-1 多光谱数据的波段组成和分布与 ZY-3 多光谱数据相同。研究收集 2013～2015 年 GF-1 的 PMS（全色和多光谱）影像 46 景，分布于南海油气开发平台集中分布的海域[图 2-2（f）]。

2.2.2　油气生产数据

1）南海油气生产数据

南海周边各国的油气产量数据来自于英国石油公司的 BP 能源开发年鉴。该数据记录了 1965～2016 年全球大多数国家的能源开采量和消费量的详细信息。BP 能源开发年鉴以国家为最小统计单元，没有国家陆上、海域能源产量的单独划分。不过，考虑到南海周边各国（如越南、泰国、马来西亚、文莱等）的石油生产大多来源于南海（EIA, 2013b），每年的石油总产量仍然能对海上石油估产模型的结果在量级和区间上给予粗略的检验。对应夜间灯光 DMSP/OLS 数据的采集时期，选取了南海周边各国 1992～2013 年每年的石油总产量数据（表 2-5）。

2）北海油气生产数据

由于南海油气生产数据极为匮乏，本书首先借用欧洲北海的油气生产数据构建海上石油产量估算模型，再把该模型应用到南海，分析石油产量变化规律。欧洲北海的油气生产数据分为空间数据和统计数据两个部分。

表 2-5 南海周边各国石油总产量统计数据 （单位：千桶/d）

年份	国家					
	中国	越南	泰国	马来西亚	文莱	印度尼西亚
1992	2845	111	91	657	182	1579
1993	2892	128	96	645	175	1588
1994	2934	144	96	657	179	1589
1995	2993	155	92	704	175	1578
1996	3175	179	105	716	165	1580
1997	3216	205	126	714	163	1557
1998	3217	245	130	725	157	1520
1999	3218	296	140	691	182	1408
2000	3257	337	185	722	193	1456
2001	3310	351	195	702	203	1387
2002	3351	356	210	740	210	1289
2003	3406	361	244	760	214	1176
2004	3486	424	241	776	210	1130
2005	3642	389	297	757	206	1096
2006	3711	355	325	713	221	1018
2007	3742	334	341	742	194	972
2008	3814	311	362	741	175	1006
2009	3805	342	376	701	168	994
2010	4077	312	388	718	172	1003
2011	4074	317	414	653	165	952
2012	4155	348	449	671	159	918
2013	4216	350	459	645	135	882

注：灰色底纹数据将进行石油产量估算模型移植精度分析。

（1）空间数据。欧洲北海的海上设施分布数据来自于"保护东北大西洋海洋环境公约"（OSPAR）组织。该数据记录了 1967 年以来欧洲北海各国海上设施建设的详细信息，包括空间位置、建设时间（Production）、所属国家（Country）、油田名称（Name）、生产状态（Current_St）、主要任务（Primary_pr）、设施类型（Category）等。该数据每两年更新一次，研究获取 2015 年的数据，包含海上设施记录 1641 条。同时，在欧洲北海部分国家的政府能源网站上存有零散的海上设施的分布数据，它们与油气生产统计数据更加吻合，可以作为 OSPAR 数据的有益补充。挪威的海上设施分布数据来源于挪威石油管理局 FACTPAGES，不但包括海上油气设施的分布，还包括沿岸天然气焚烧点（Landfall）的位置。英国海上设施分布数据来源于 GOV.UK，其不但提供海洋油气开发平台的分布，还提供油田和每口钻井的位置。丹麦的海上设施分布数据来源于丹麦能源署 ENS，详细记录了各个设施当前的工作状态信息。因此，研究首先将 OSPAR 数据中 96 条缺失建设时间或主要任务信息的记录去除，然后融合剩下的 1545 条记录与北海各国海上设施分布数据。空间上重叠的数据仅保留一个，优先保留北海各国海上设施分布数据，最终获得 1331 条 OSPAR 数据，分布见附表 6。

（2）统计数据。北海各国的油气产量数据收集于英国、挪威、丹麦等政府能源网站。英国油气生产统计数据来源于英国政府 GOV.UK。该数据记录了 1975～2016 年英国离岸（offshore）和陆上（land）各个油气田每年的石油产量。挪威油气生产统计数据来源于 FACTPAGES（http://factpages.npd.no/FactPages/Default.aspx?culture=en）。该数据记录了 1971～2016 年挪威各个油气田所有钻井（wellbore）每月的石油、天然气和凝析油产量。与英国油气生产数据不同，该数据并没有直接划分陆上和海域的油气产量。丹麦油气生产统计数据来源于 ENS（https://ens.dk/en/our-services/oil-and-gas-related-data）。该数据记录了 1972～2014 年丹麦各个油、气田每年的石油和天然气产量。与挪威油气生产数据相似，该数据也没有对陆上和海域油气田进一步区分。为了对应夜间灯光 DMSP/OLS 数据的采集时期，研究选取了英国 1992～2013 年每年以及挪威和丹麦 1992～2013 年每年/每月的石油总产量数据。在此基础上，将挪威月际石油产量数据按照油田汇总年际石油总产量（原油开采量和凝析油开采量之和）。同时，将欧洲北海的石油总产量数据的单位统一为标准状态下千立方米（ksm³），换算规则参照世界石油工程协会（SPE），1 m³=6.29 桶。此外，利用空间数据涵盖的油田信息，筛选出挪威和丹麦的海上生产油、气田，从两国石油生产总量中进一步分离海域石油产量。整合后的英国、挪威、丹麦海上石油生产数据见附表 3～附表 5。

2.2.3　南海基础数据

1）疆界矢量数据

本书使用的国界线、海岸线矢量数据，比例尺为 1:100 万，我国行政区划数据来源于全国基础地理数据库（NCSFGI, http://www.webmap.cn/commres.do?method=result100W），全球行政区划数据来源于 GADM（http://www.gadm.org/）网站 2015 年 11 月发布的 2.8 版本数据。

2）水深栅格数据

本书使用的水深栅格数据为 2014 年发布的 GEBCO Grid（the general

bathmetric chart of the oceans）栅格数据，空间分辨率为 30″。该数据水深部分主要通过整合测深船舶数据和卫星高度数据得到，陆地部分主要采用 SRTM 数据，是目前最具权威的全球海洋水深数据（侯京明等，2012）。该数据可在英国海洋数据中心 BODC（http://www.bodc.ac.uk/）免费下载。

2.3　多源遥感影像平台特征与监测框架

2.3.1　不同影像油气平台特征分析

1）中低空间分辨率夜间灯光 DMSP/OLS 数据

海上石油生产多伴生天然气焚烧以提纯原油。在夜晚，天然气焚烧源在夜间灯光 DMSP/OLS 数据上呈现出异于背景的高亮光斑特征[图 2-4（a）]。一方面，高亮光斑的分布能够指示海洋油气开发平台存在的潜在区域，为广阔海域监测提供靶区；另一方面，高亮光斑的亮度与海上石油开发的强度密切相关，为海上石油产量的估算提供了可能（Casadio et al., 2012）。此外，全球尺度的长时间年际数据（1992～2013 年）能够保证海上油气生产的时空全覆盖监测。然而，夜间灯光 DMSP/OLS 数据空间分辨率较低（约 900 m），每个高亮光斑可能对应不止一个海洋油气开发平台[图 2-4（a1），图 2-4（b）]（Anejionu et al., 2014），也难以识别没有或只有少量天然气焚烧的平台[图 2-4（a2），图 2-4（b）]（Liu et al., 2016a）。因此，夜间灯光 DMSP/OLS 数据的识别对象仅为天然气焚烧源而非海洋油气开发平台。

2）中等空间分辨率光学/SAR 影像数据

与夜间灯光 DMSP/OLS 数据相比，中等空间分辨率（10～100 m）影像数据能够保证海洋油气平台空间位置识别的准确性[图 2-4（b）]。

光学影像 Landsat 系列长时期大范围的数据积累（Landsat-4/5 TM，1982～2011 年；Landsat-7 ETM+，1999 年至今；Landsat-8 OLI，2013 年至今），保证了空间上和时间上南海海域的完全覆盖[图 2-2（a）～图 2-2（c），图 2-3]。本书采用光学影像时间序列策略主要考虑到光学影像经常受到海上云雨的影响——南海海域范围内所有光学影像的平均云覆盖比例为 45%（附图 2）。已有的研究多将被云覆盖的低质量影像排除，只利用无云覆盖的高质量影像，这往往会造成可用于海上油气开发平台识别的影像数据严重不足。与此相反，研究认为，即使一景光学影像 50% 的空间范围被云覆盖，它仍剩余 50% 的有效信息可用于海上油气开发平台识别。在某一区域覆盖足够数量的光学影像的前提下，某一景遥感影像上被云覆盖而难以识别的海上油气开发平台可以被其他时相未被云覆盖的遥感影像识别而得以补充。因此，本书将所有收集到的光学影像全部纳入时间序列构建，保证了海上油气开发平台识别的影像数目充足，改善了海上云雨对光学影像造成的低可用性状况。

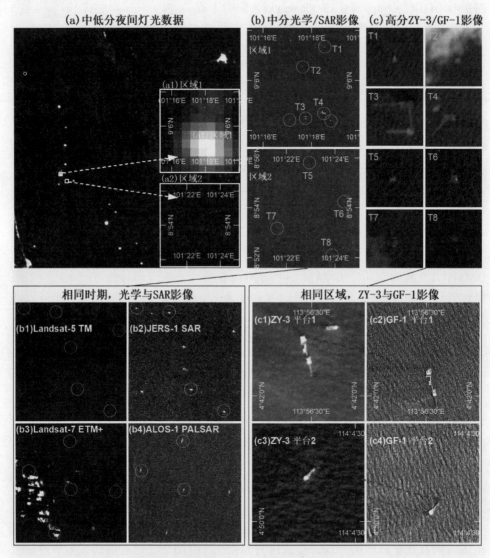

图 2-4　多源遥感影像海洋油气开发平台检测能力差异与互补性

（a）中低空间分辨率夜间灯光 DMSP/OLS 数据对海域伴生天然气焚烧源检测，（a1）和（a2）对应泰国湾的两块局部放大区域；（b）中等空间分辨率光学/SAR 影像对海洋油气开发平台空间位置检测，（b1）和（b2）为同一时期 Landsat-5 TM 和 JERS-1 SAR 对平台的识别情况，（b3）和（b4）为同一时期 Landsat-7 ETM+ 和 ALOS-1 PALSAR 对平台的识别情况；（c）高空间分辨率 ZY-3/GF-1 影像对海洋油气开发平台空间位置及大小/类型检测，（c1）和（c2）、（c3）和（c4）为同一区域 ZY-3 和 GF-1 对平台空间位置检测的差异

　　然而，海洋油气开发平台目标较小（大部分平台仅数个像元），早期传感器（如 Landsat-4/5 TM 等）的信噪比较低，很难将全部平台有效检测[图 2-4（b1）]。2003 年后 Landsat-7 ETM+的条带数据缺失现象在很大程度上限制了数据可用性，可能导致部分空间范围和时间片段内海洋油气开发平台的检测遗漏[图 2-4（b3）]。与光学影像相比，SAR 影像具有对海面金属目标的高度敏感和全天候的观测能力，已被证明是环境监测的重要手段[图 2-4（b2）和图 2-4（b4）]，基于多时相 SAR 数据，可以有效地探测海上平台的位置（Casadio et al., 2012; Cheng et al., 2013）。但受限于数据可获取性，尚难以形成空间上全部覆盖[图 2-2（d）]且时间上连续观测的数据集（图 2-3）。在此情况下，若将 Landsat-4/5 TM、Landsat-7 ETM+与同一时期的 JERS-1 SAR Mosaic、ALOS-1 PALSAR 进行影像覆盖能力与目标检测能力的相互补充，有益于形成海洋油气开发平台检测精度更高的中分影像观测时间序列。

3）高空间分辨率 ZY-3 和 GF-1 影像数据

　　与中分影像数据相比，海洋油气开发平台在高空间分辨率（<10 m）影像中纹理清晰，在良好成像条件下，不但能够定位平台空间位置，还能辨别部分平台的大小、类型等属性信息[图 2-4（c）]。然而，高分影像空间覆盖范围很小[每景 ZY-3 多光谱影像空间覆盖范围约 2704 km^2，每景 GF-1 全色波段影像空间覆盖范围约 1225 km^2，在每景影像都成像质量良好且无云覆盖的理论条件下，覆盖南海海域分别需要 ZY-3 多光谱影像和 GF-1 全色波段影像 1405 景和 3102 景，图 2-2（f）]，在无先验知识的情况下，采用高分影像对广阔海域进行海洋油气开发平台逐一调查，无异于大海捞针，成本极高、难度极大。同时，考虑到商业化高分影像出现较晚（最早 IKNOS，1999 年；国产 ZY-3，2012 年）以及海洋多云雨天气的影响，高分影像在海域的时空覆盖程度很低，严重影响了高分影像平台调查的可行性。此外，由于海域地面控制点稀缺，同一区域不同数据源（或同一数据源相邻行/带）的高分影像上，识别的海洋油气开发平台空间位置存在一定偏差[如图 2-4（c1）～图 2-4（c4），ZY-3 和 GF-1 影像识别相同目标的空间偏差>100 m]，平台准确的空间位置难以确定。尽管如此，在利用中分影像时间序列确定海洋油气开发平台位置的基础上，通过有目的地收集高分影像，可为平台空间位置的验证（研究有针对性的收集 ZY-3 多光谱影像和 GF-1 全色波段影像 79 景，虽然仅覆盖南海 15.5 km^2 范围，不足整个海域面积的 4.1%，但验证了南海油气开发平台数目约占总数的 55%，见 3.5.2 节）以及平台属性信息的提取提供一种切实有效的方式。

2.3.2　多源影像油气平台监测框架

多源遥感影像在目标监测能力、空间覆盖范围和时间覆盖范围等方面存在着显著差异。为了更加有效地监测南海油气开发活动，研究综合评估各类遥感影像的差异，需要建立多源遥感影像时空互补、光学/雷达互补的监测框架。

综上，研究协同多源、时空互补、光学/雷达互补、长时间序列遥感影像数据集监测海上油气开发活动，其监测数据框架的构建思路为：采用中低空间分辨率夜间灯光影像时间序列定位海洋油气开发活动的靶区；利用时间序列光学影像改善海上云雨所带来的数据低可用性；融合中等空间分辨率光学和 SAR 影像时间序列获取平台的空间位置以及状态/属性信息，利用高空间分辨率影像对平台的位置、属性信息进行验证（图 2-5）。

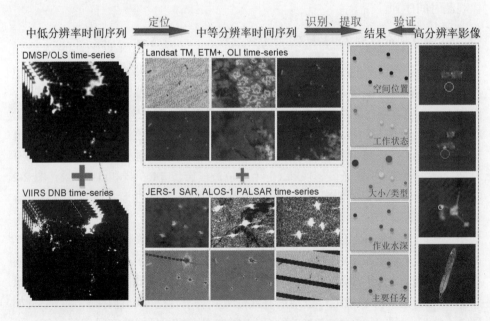

图 2-5　多源遥感影像海上油气开发监测框架

第3章 海洋油气开发平台空间位置识别

海洋油气开发平台是钻井、提取、处理和临时储存原油和天然气的基础设施（附图 1），是海上油气生产活动的载体。海洋油气开发平台的金属混凝土结构特征以及伴生天然气焚烧特性使其在中等空间分辨率光学和 SAR 影像上呈现出异于海水背景的较高反射率。然而，由于海洋油气开发平台目标细小、影像特征微弱，且处于噪声和虚警遍布的海洋背景中，从影像上对海洋油气开发平台准确检测并确定空间信息仍面临很大挑战。

考虑到海洋油气开发平台的位置不变和大小不变的特征，本书采用"动静分离"的思路——在单一时相影像上将海上目标增强，在时间序列影像上将平台目标去噪，从而规避海上高噪声虚警的影响，获取南海海洋油气平台的空间分布。综上所述，本章的主要内容分为三个部分：单一时相海上目标检测、时间序列平台位置确定、南海油气平台分布与验证（图 3-1）。

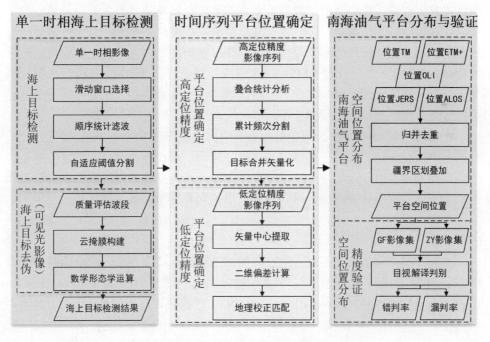

图 3-1 海洋油气开发平台空间位置识别流程图

3.1　夜间灯光数据特征与识别

3.1.1　夜间灯光数据特征

　　海上油气平台作业时，开采出的原油是乳化状态的，含有水和气体，经过第一步相分离后，从油气水三相分离器中分离出石油、水之外，还有油田气或天然气，即石油伴生气（associated petroleum gas，APG）。由于储藏这些地层气需要脱硫、净化、压缩、储藏、运输等一系列设备，其成本远大于这些伴生气本身的经济价值，多数海上油气平台不具备气体的搜集和输送设备，因此这些气体就要放空。这些气体的主要成分为甲烷，是可燃的，直接排放到大气中十分危险，积聚到一定程度会引发火灾，甚至爆炸，因此专门安装了火炬，用于伴生气的放空燃烧，在可控制的条件下将这些气体烧掉，确保安全。此外，还包括各类设施在事故状态下排放出来的气体，这些气体易燃易爆，有的还含有有毒气体，直接排放有导致蒸汽云爆炸的危险，因此同样需要燃烧放空。

　　通常，卫星传感器获取的主要是地表的太阳辐射反射信号，而 DMSP/OLS 则是记录夜间火光、灯光等产生的辐射信号（杨眉等，2011），因此 DMSP/OLS 夜间灯光数据能通过伴生气放空时持续燃烧的火炬，以及油气开发平台上装备的照明、信号等设备，探测到海洋油气开发平台的位置信息。同时，OLS 传感器具有较强的光电放大效应，即存在溢出现象，使散布的油气开发平台在影像上呈现区域性分布（图 3-2）。通过对 DMSP/OLS 夜间灯光数据进行提取，在提取结果的引导下，可大致确定油气开发平台的分布区域，缩小检测范围，此外还有助于确定数据收集范围，减少不必要的工作，提高提取效率。

　　在南海区域 DMSP/OLS 夜间灯光数据上，像元灰度值越高，对应油气开发平台的可能性越大；越趋近于区域中心亮度值越大，越往外围区域则亮度值越小；黑色区域为背景值，即无灯光区（海水）。影像由油气开发平台区域的亮值像元和海水等背景的黑暗像元构成，可有效判断出油气开发平台的位置区域。

3.1.2　夜间灯光平台识别

　　油气开发平台的火光、灯光等在夜间灯光数据上亮度较高，与周围海水差异明显，针对上述特征可通过以下操作对其进行分离：①高斯滤波（Gaussian filtering）。对 DMSP/OLS avg_lights_x_pct NTL 数据进行高斯滤波，从而削弱噪声影响[图 3-3（d）]。对图像进行加权平均，得到每一个像素点的值，本书中 $\sigma = 2$。②均值滤波（mean filtering）。对影像进行均值滤波，即进行聚焦分析[图 3-3（e）]，计算平均背景亮度。其原理为通过计算某个像素点周围半径 r 内的所有像素点的

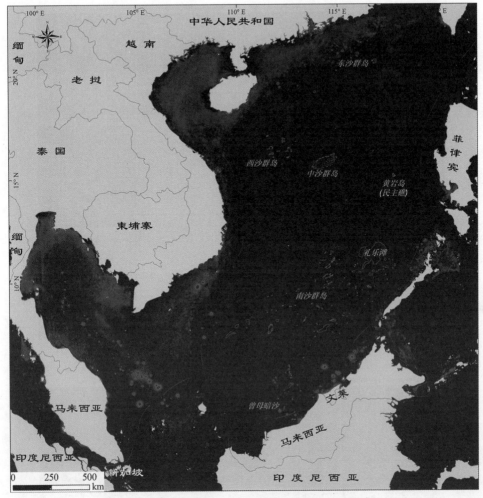

图 3-2　南海区域 DMSP/OLS 夜间灯光数据（2013 年）

均值来确定该像素点的值，本书中半径 $r = 20$。③阈值分割（thresholding）。对高斯滤波与均值滤波结果进行差值计算，通过固定阈值（$T_1=6$）将海面目标从海水中分割出来[图 3-3（f）]。

　　基于上述思想，利用 S-NPP NTL 数据进行高斯滤波、中值滤波（$r = 20$）以及阈值分割，对多幅时序夜间灯光数据进行分别提取，并将提取结果进行叠加，计算海上目标信息的累计频次值（图 3-4）。

　　通过上述方法，对 1992～2013 年共 34 景 DMSP/OLS 夜间灯光数据进行提取，因不同卫星所得数据存在差异（Liu et al.，2012），而研究所提取的结果为油气开发平台区域，力求最全覆盖，因此，对同一年不同卫星的提取结果进行叠合，得到南海油气开发平台位置区域（图 3-5）。

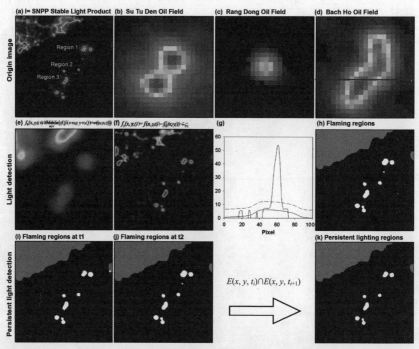

图 3-3　基于 DMSP/OLS 数据的海上平台信息识别

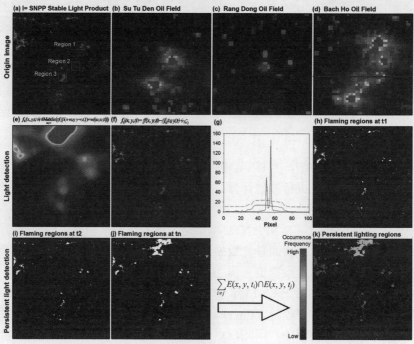

图 3-4　基于 S-NPP NTL 数据的海上平台信息累计频次检测

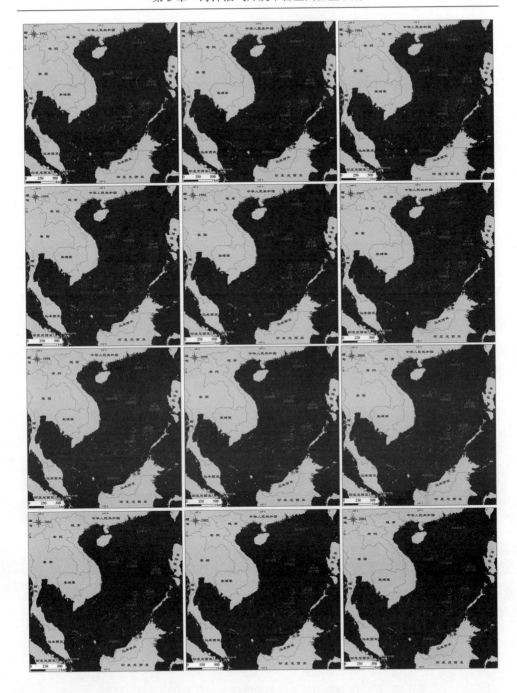

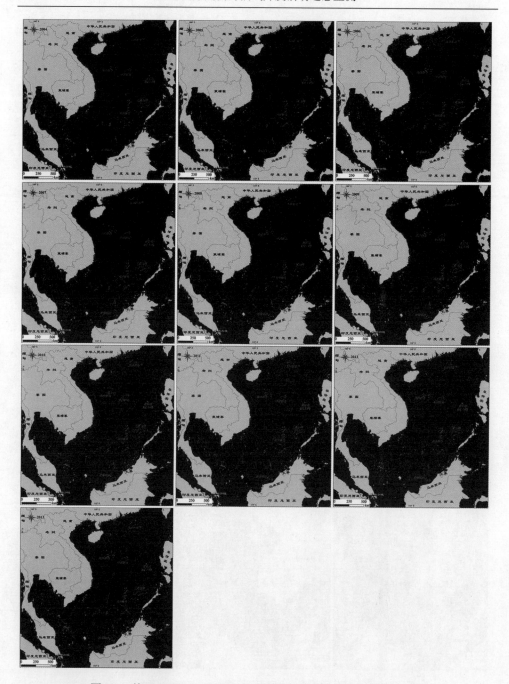

图 3-5　基于 DMSP/OLS 多时相南海油气开发平台位置提取结果

3.1.3　夜间灯光提取结果分析

南海油气资源开采状况复杂，南海周边国家在邻近海域内大多存在着非法建设油气开发平台并开采我国油气资源的现象。为了全面监测我国南海海域的油气资源开发情况，油气开发平台的位置信息至关重要。然而，南海海域面积广阔，油气开发平台位置信息匮乏，提取难度极大，如大海捞针，而通过 DMSP/OLS 夜间灯光数据和 Suomi-NPP VIIRS DNB 数据可得到其位置区域，因此，虽然其空间分辨率较低，但可为后续精确位置信息的提取提供目标靶区。

将提取出的 1992～2013 年结果进行叠加，得到油气开发平台区域的累计和 [图 3-6（a）和图 3-7（a）]，可以了解南海海域油气开发平台位置分布和 1992～2013 年的扩张过程。从油气开发平台的分布区域可以看出，这些区域大多集中在中国南部 [图 3-6（b）和图 3-7（b）]、越南 [图 3-6（c）和图 3-7（c）]、泰国湾和纳土纳群岛西部 [图 3-6（d）和图 3-7（d）]、文莱和马来西亚 [图 3-6（e）和图 3-7（e）]、菲律宾 [图 3-6（f）和图 3-7（f）]。

1992～2013 年，油气开发平台区域数量有较大增长，且随着时间推进，其空间分布逐渐向深海方向发展，逐步深入我国传统海疆线内。从油气开发平台的区域大小可以看出，早期越南、印度尼西亚等国油气开发平台区域数量虽然较少，但面积较大，说明区域内平台数量较多，相对集中；近几年，越南、马来西亚等国的油气开发平台区域不仅数量增长快，而且面积也扩大较多，而文莱、印度尼西亚等国数量增长相对较缓，但面积扩张非常明显。从油气开发平台区域的扩展趋势可以看出，油气开发平台的建设往往以已有平台为中心向四周扩展，或在已有平台周围进行勘探，建设新的油气开发平台，总体分布较为集中。

根据各国宣称海域范围，对油气开发平台位置区域分布进行统计分析（图 3-8），可以看出，早在 20 世纪 90 年代，只有 27 个油气开发平台区域，其中 3 个位于中国，1 个分布在北部湾，2 个在珠江口盆地；1 个位于越南头顿市；1 个位于菲律宾；4 个位于泰国湾中部；6 个位于印度尼西亚纳土纳群岛；11 个位于马来西亚，1 个分布在沙捞越州，10 个在沙巴州；1 个位于文莱。到 2013 年，这一数字扩大到 112 个，越南、马来西亚、泰国等扩张明显，其中，越南由 1 个增加到 18 个，马来西亚大幅扩张到 44 个，泰国为 13 个；相对而言，菲律宾、印度尼西亚、文莱等增长相对较小，越南、马来西亚等国已将油气开发平台建设伸入我国海域。

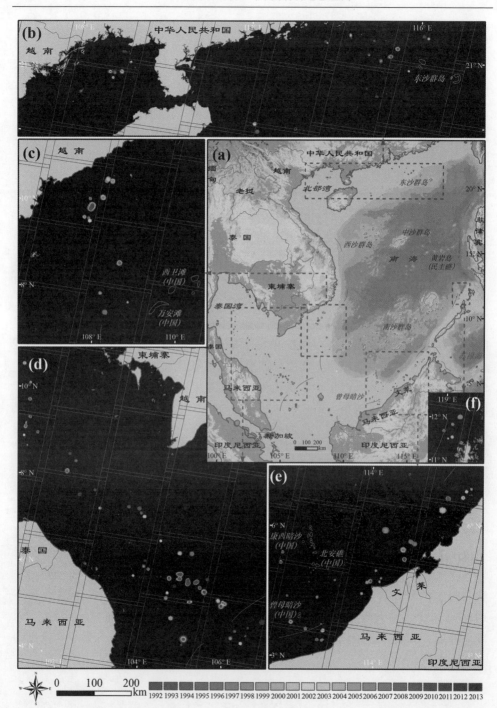

图 3-6 基于时间序列 DMSP/OLS 夜间灯光数据的南海油气开发平台位置靶区提取结果

（a）南海整体海洋油气开发平台提取结果；（b）～（f）南海各个重点海域海洋油气开发平台提取结果

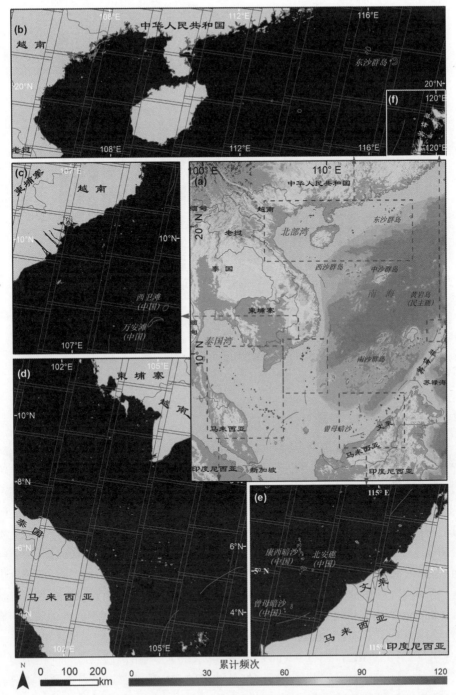

图 3-7　基于 Suomi-NPP VIIRS DNB 数据的南海油气开发平台位置靶区提取结果

（a）南海整体海洋油气开发平台提取结果；（b）～（f）南海各个重点海域海洋油气开发平台提取结果

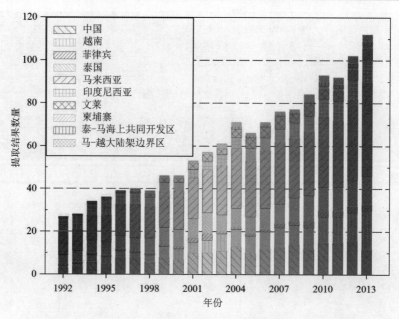

图 3-8　油气开发平台区域分布统计

3.2　中分影像平台特征与识别难点

3.2.1　中分影像平台特征

海洋油气开发平台是由金属和混凝土材料建造的海上人工建筑，作业时受到日光直晒，在影像上表现出不同于海面背景的高亮金属特征。图 3-9（a）～图 3-9（c）为大型海洋油气开发平台分别在光学影像 Landsat-4/5 TM、Landsat-7 ETM+和 Landsat-8 OLI 各个波段上的影像特征。Landsat 系列的蓝光波段[Blue，图 3-9（a1）～图 3-9（c1）]、绿光波段[Green，图 3-9（a2）～图 3-9（c2）]、红光波段[Red，图 3-9（a3）～图 3-9（c3）]和近红外波段[NIR，图 3-9（a4）～图 3-9（c4）]利用高亮金属特征记录海洋油气开发平台。一方面，随着传感器的不断升级，相同波段对平台的检测能力不断增强；另一方面，从蓝光到绿光再到红光波段，Landsat 系列影像对平台的检测能力不断增强，但从红光到近红外波段，平台的检测能力有所下降。Landsat 系列的两个短波红外波段[SWIR1，图 3-9（a5）～图 3-9（c5）；SWIR2，图 3-9（a6）～图 3-9（c6）]利用高温热源特征记录海洋油气开发平台。一方面，平台在短波红外波段的 DN 值明显高于蓝光至近红外波段 DN 值，与背景差异显著，更加易于识别；另一方面，不同传感器的短波红外波段对平台检测能力存在少量差异——Landsat-4/5 TM 和 Landsat-7 ETM+的短波

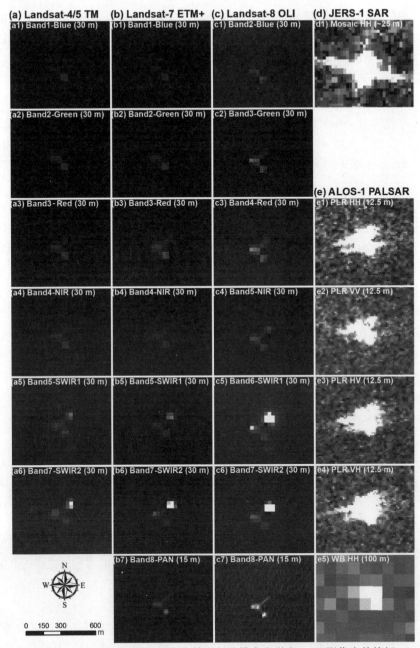

图 3-9　海洋油气开发平台在中等空间分辨率光学和 SAR 影像上的特征

（a）平台在 Landsat-4/5 TM 影像上的特征，（a1）～（a6）为平台在 Landsat-4/5 TM 各个波段上的特征；
（b）平台在 Landsat-7 ETM+影像上的特征，（b1）～（b7）为平台在 Landsat-7 ETM+各个波段上的特征；
（c）平台在 Landsat-8 OLI 影像上的特征，（c1）～（c7）为平台在 Landsat-8 OLI 各个波段上的特征；（d）平
台在 JERS-1 SAR Mosaic 影像上的特征；（e）平台在 ALOS-1 PALSAR 影像上的特征，（e1）～（e4）为平台在
ALOS-1 PALSAR 各种极化方式上的特征，（e5）为平台在低分辨率 SAR 中的识别特征

红外 2 波段的平台检测能力高于短波红外 1 波段;而 Landsat-8 OLI 则与之相反。此外,由于空间分辨率的提高,Landsat-7 ETM+与 Landsat-8 OLI 的全色波段[PAN,图 3-9(b7)和图 3-9(c7)]对平台的检测能力也较强,且记录的平台形状更接近实际情况。因此,研究以两个短波红外波段和全色波段作为海上油气开发平台识别的波段,并尝试对不同传感器采用不同波段,比较平台识别结果的差异。具体来说,对于 Landsat 光学影像系列,研究最终选择 Landsat-4/5 TM 的第 7 波段(Band 7:2.08~2.35 μm)、Landsat-7 ETM+的第 8 波段(Band 8:0.52~0.90 μm)以及 Landsat-8 OLI 的第 6 波段(Band 6:1.566~1.651 μm)来识别海洋油气开发平台。

海洋油气开发平台的高亮金属特征在 SAR 影像上表现更为明显,强烈的微波反射使得平台在精细模式(12.5~25 m)的 SAR 影像中呈现为较高的散射截面(RCS)[图 3-9(d),图 3-9(e1)~图 3-9(e4)];即使是在较粗分辨率(100 m)的 SAR 图像中,大多数平台仍然可以被有效甄别[图 3-9(e5)]。与光学影像相比,海洋油气开发平台在 SAR 影像上的目标更大,与背景差异更为明显,因而更加易于检测。对比不同极化方式的 SAR 影像发现,在 HH 与 VV 极化的影像上,目标与背景的差异明显高于 HV 和 VH 的极化方式[图 3-9(e1)~图 3-9(e4)]。同时,考虑到 ALOS-1 PALSAR 的所有模式几乎均提供 HH 极化影像(表 2-4),能够尽量保证 SAR 影像在空间和时间上的覆盖,研究最终选择 JERS-1 SAR Mosaic 的 HH 极化影像以及 ALOS-1 SAR 的精细光束、宽幅扫描以及全极化模式下的 HH 极化影像来识别海洋油气开发平台。

3.2.2　中分影像平台识别难点

尽管海洋油气开发平台具有一定的遥感特征,但从中等空间分辨率影像上[图 3-10(a)、图 3-10(j)、图 3-10(m)]对其检测并确定空间信息仍面临很大的挑战(Liu et al., 2016b; Liu et al., 2018a)。主要难点包括:

(1)目标细小。常规的油气开发平台大小约为 120 m×70 m,反映在 30m 分辨率遥感影像上仅为一至数个像元。因此,在缺少形状、结构等辅助信息的情况下,中等空间分辨率影像检测呈现一个或者数个像素的海洋油气开发平台是十分困难的[图 3-10(b)]。

(2)特征微弱。受太阳光照强度和辐射天顶角等观测因素的影响,对于遥感影像的各个波段来说,许多小型平台与周围环境间的差异很小,难以辨识[图 3-10(c)]。

(3)背景噪声。遥感影像受到成像质量(条带缺失、斑点噪声等)、成像条件(云、雾等)和海面变化(波浪、波纹、浑浊度)等影响,使得海洋油气开发平台通常处于海洋高噪声的环境之中[图 3-10(f)~图 3-10(i)、图 3-10(k)、图 3-10(l)]。

（4）虚警遍布。无论在光学还是 SAR 影像上，海上舰船与海洋油气开发平台影像表现特征极为相似，导致海洋油气开发平台往往受到海上舰船带来的虚警干扰[图 3-10（e）和图 3-10（o）]。

（5）海域广阔。多源、多时相、多空间分辨率遥感影像集成下的广阔海域（如南海等）的海洋油气开发平台提取对平台检测算法的自动化和鲁棒性都提出了更高的要求[图 3-10（d）和图 3-10（n）]。

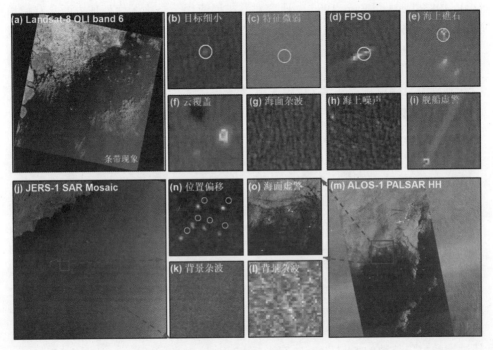

图 3-10　基于中等分辨率影像海洋油气开发平台识别的难点

（a）～（h）为中等空间分辨率光学影像，海洋油气开发平台识别难点在于目标细小、特征微弱、背景噪声和海面虚警；（i）～（n）为中等空间分辨率 SAR 影像，海洋油气开发平台识别难点在于海面虚警和背景杂波

3.3　单一时相海上目标检测

3.3.1　海上目标检测

假设遥感影像记录的海面信号由海面背景（波浪、波纹等）、海上目标（平台、舰船、云雾等）和噪声（条带缺失、斑点噪声等）组成（Liu et al., 2016b; Liu et al., 2018a）[式（3.1）]，那么在任一时刻，海上目标可由式（3.2）表示：

$$f(x, y) = f_s(x, y) + f_b(x, y) + f_n(x, y) \tag{3.1}$$

$$f_s(x, y) = f(x, y) - f_b(x, y) - f_n(x, y) \tag{3.2}$$

式中，$f(x, y)$为影像上空间位置(x, y)上对应的像元值（DN）；$f_s(x, y)$、$f_b(x, y)$和$f_n(x, y)$分别是海上目标、海面背景以及噪声对应的 DN 值。

研究中发现采用二维顺序统计滤波（order statistic filtering, OSF）对海面背景$f_b(x, y)$进行估计能取得较为理想的效果。OSF 方法源于一维非线性信号处理（Bovik et al., 1983; Lee and Fam, 1987），研究对其扩展应用至二维图像处理方面具有指导意义。具体来说，对于某一像元(x, y)建立一个大小为$m \times n$的邻域滤波窗口，统计滤波窗口中的所有像元值$[\{f(x-k, y-l), f(x-k, y-l+1), \cdots, f(x+k, y+l-1), f(x+k, y+l)\}$，其中$m = 2 \times k + 1$，$n = 2 \times l + 1]$并按照升序排列$[f(1) \leqslant f(2) \leqslant \cdots \leqslant f(m \times n)]$。在此基础上，输出排序在第$i$位像元值[称为$m \times n$邻域内$i$阶顺序滤波结果，式（3.3）]作为该像元滤波后对应的背景值。遍历影像的所有像元，重复上述操作完成整景影像的二维顺序统计滤波处理。

$$f_b(x, y) = \mathrm{OSF}_{m,n,i}\{f(x, y)\} = \mathrm{ord}_i\{f(x-k, y-l), \cdots, f(x+k, y+l)\}; \\ m = 2k+1, n = 2l+1 \tag{3.3}$$

对于中等空间分辨率的可见光和 SAR 影像（10～100 m），海洋油气开发平台在影像上表现为比周围海面背景有更高的像元值的斑点，使用高阶的i能够有效地抑制数值分布异质与复杂波浪的海面背景。在中等空间分辨率影像中，海洋油气开发平台目标较小（通常占据数个至十数个像素），且空间分布较为稀疏（邻近平台间距离通常超过 500 m），使其在较大的滑动窗口中仅占有很小的比例。结合多时相影像观测发现，30 m 空间分辨率的影像上，在半径为 12 个像素的圆形滤波窗口中（滤波窗口共计 497 个像元），海洋油气开发平台对应的像元数目基本不超过滤波窗口总数的 5%[图 3-11（b）、图 3-11（c），图 3-12（a）～图 3-12（d）]。因此，设定滤波窗口为半径 12 个像元的圆形，并选择 460 阶滤波结果（滤波窗口内所有像元升序排列的第 460 个像元值）作为中心像元的背景值输出，遍历影像完成海面背景值的估算。

图 3-11（a）是位于越南东南部的 124/53（行/带）Landsat-7 ETM+ 第 8 波段影像，图 3-11（b）和图 3-11（c）是其中海洋油气开发平台分布聚集且海面背景亮度差异较大的两块区域：图 3-11（b）区域海面背景值约为 28，油气平台目标值约为 63；图 3-11（c）区域海面背景值约为 20，油气平台目标值约为 36。若直接采用固定阈值方法提取目标难度较大[图 3-11（d）和图 3-11（e）]：当顾及特征微弱目标准确提取将固定阈值选取较小时（如固定阈值 1=34），结果中将包含图 3-11（b）区域内的许多海面虚警；反之，将固定阈值选取较大（如固定阈值 2=45）来剔除噪声，图 3-11（c）区域中的特征微弱目标将难以被发觉。而采用

二维 OSF 方法，通过估算像元所处的背景值，明显抑制了两区域异质背景的差异
[图 3-11（d）和图 3-11（e）红线]。在去除海面背景值的图像上[图 3-11（f）和
图 3-11（g）]，图 3-11（b）、图 3-11（c）两块区域的背景趋于一致（基本维持
在 0），且目标与背景和噪声仍有明显差异[图 3-11（b）和图 3-11（c）两区域目
标值分别为 42 和 16]。在此基础上，通过设置合适的自适应阈值，可以规避目标
周围的虚警噪声，将两区域的海上目标同时准确检测。

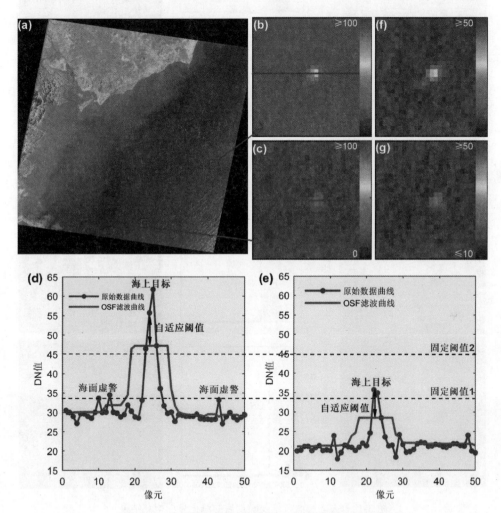

图 3-11　基于顺序统计滤波（OSF）的海面背景估计

（a）2002 年 1 月 5 日 Landsat-7 ETM+ 124/53 景第 8 波段影像；（b）和（c）为两块海洋油气开发平台目标区域，
（b）为对比度较强的亮目标，（c）为对比度较弱的暗目标；（d）和（e）为对应（b）和（c）的一维剖面曲线；
（f）和（g）对应（b）和（c）去除海面异质背景后的图像（即原图像减去 OSF）

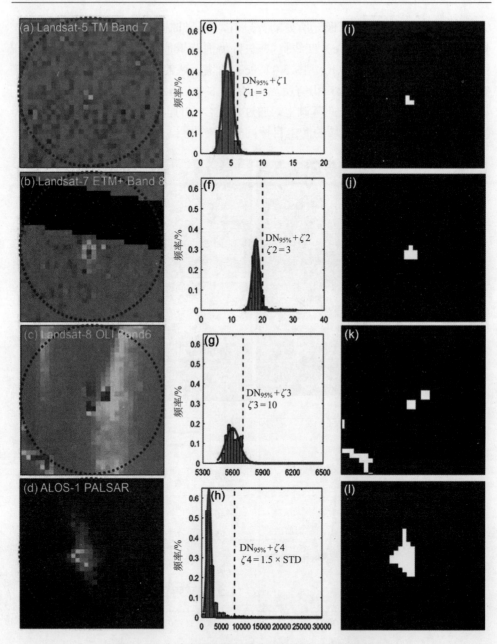

图 3-12　去除海面背景及噪声后的海上目标检测结果

遥感影像（a）Landsat-5 TM Band7、（b）Landsat-7 ETM+ Band8、（c）Landsat-8 OLI Band6 和（d）ALOS-1 PALSAR
中同一油气平台及滤波窗口；（e）～（h）为对应（a）～（d）滤波窗口内的直方图分布与阈值选择；（i）～（l）
为对应（a）～（d）各个传感器影像的海上目标二值检测结果

遥感影像的噪声分布 $f_n(x, y)$ 一般是未知的，常用位于滤波窗口中的所有像元值的局部标准差 $STD_{m,n}$ 近似模拟中心像元 (x, y) 的噪声（Gagnon and Jouan, 1997; Patidar et al., 2010）。然而，当海面背景较为均匀或是滤波窗口尺寸选择较大时，滤波窗口的标准差通常很小，局部差异可能很大程度地被抑制。在这种情况下，采用自定义的常数（ζ）对基于滤波窗口标准差的噪声模拟进一步地修正 [式 (3.4)]。

$$f_n(x, y) = a \times STD_{m,n} \{f(x-k, y-l), \cdots, f(x+k, y+l)\} + b \times \zeta \qquad (3.4)$$

式中，变量 a 和 b 用于调整基于滤波窗口标准差噪声模拟和基于常数噪声模拟的比例。对于光学影像，由于背景较为均一，采用常数方式（$a=0$，$b=1$）模拟噪声 [图 3-12（e）～图 3-12（g）]。在常数选择的过程中，一方面要将 ζ 设定得尽量小以检测出尽可能多的潜在海洋油气开发平台，降低漏判率（虚警在后续过程中逐步剔除）；另一方面 ζ 的设定要考虑不同传感器辐射分辨率（DN 数值范围）的差异。在研究中，对于 Landsat-4/5 TM Band7 影像，ζ 取值为 3 [图 3-12（e）]；对于 Landsat-7 ETM + Band8 影像，ζ 取值为 3 [图 3-12（f）]；对于 Landsat-8 OLI Band6 影像，ζ 取值为 10 [图 3-12（g）]。对于背景噪声较为显著的 SAR 影像 [JERS-1 SAR，ALOS-1 PALSAR，图 3-12（d）]，采用局部标准差的方式模拟噪声，噪声分布统一设置为滑动窗口中所有像元值标准差的 1.5 倍 [$a=1.5$，$b=0$，图 3-10（h）]。各个传感器影像的去除海面背景及噪声后的海上目标 [即 $f_s(x, y)$] 检测结果如图 3-12（i）～图 3-12（l）所示。值得注意的是，研究选用的滑动窗口半径一般大于 Landsat-7 ETM+ 的条带宽度，加之采用高阶 OSF 方式估计海面背景，使得 Landsat-7 ETM+ 的条带现象对海上目标检测结果影响不大 [图 3-12（b）和图 3-12（j）]，因此，本书对所有 Landsat-7 ETM+ 影像不做区分，统一处理。

3.3.2　海上目标去伪

对于 SAR 影像，单一时相影像海上目标检测结果可视为海洋油气开发平台和舰船的集合；而对于光学影像，海上目标检测结果还包括大量的海上云雾。经统计，所有 Landsat-4/5 TM 影像的平均云量比例为 48%，所有 Landsat-7 ETM+ 影像的平均云量比例为 39%，所有 Landsat-8 OLI 影像的平均云量比例为 46%，所有光学影像的平均云量比例为 45%（附图 2）。云在光学影像全色波段和短波红外波段上的高值特征极容易与海洋油气开发平台特征相互混淆，加之海洋多云雨天气，造成海上目标检测结果中存在大量的云虚警 [图 3-13（a）和图 3-13（c）]。因此，研究利用 Landsat Collection 1 产品提供的质量评估波段（band of quality assessment, BQA）构建云掩膜，进一步去除云虚警，提取光学影像中的海上检测目标。

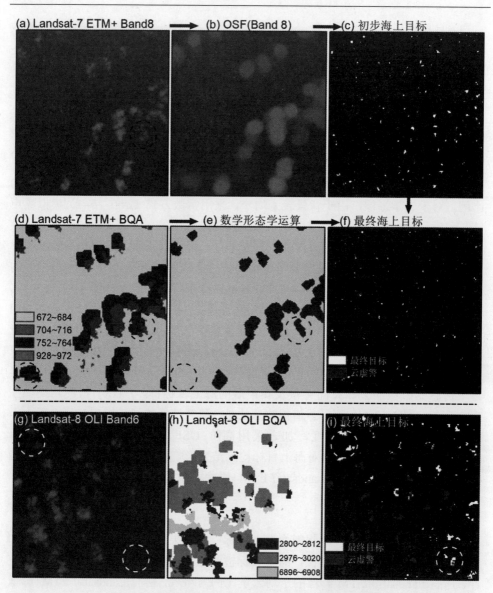

图 3-13　光学影像云掩膜的修正与海上检测目标去伪

（a）～（f）为 Landsat-7 ETM+云掩膜对海上检测目标去伪过程，（a）Landsat-7 ETM+ Band8 原图像，（b）基于 OSF 的海面背景估计，（c）海面目标初步检测结果（去除海面背景和噪声），（d）Landsat-7 ETM+对应的 BQA 数值分布（浅蓝色、蓝色和深蓝色分别对应出现云的概率为低、中和高，灰色表示云阴影），（e）对云掩膜图像形态学面积开运算和膨胀操作的修正结果，（f）海上目标去伪结果（除去云）；（g）～（i）为 Landsat-8 OLI 云掩膜对海上检测目标的去伪过程，（g）Landsat-8 OLI Band6 原图像，（h）Landsat-8 OLI 对应的 BQA 数值分布（高值范围和低值范围分别对应高频率出现的云和卷云，中值范围表示云阴影），（i）海上目标去伪结果（除去云）

　　在 Landsat Collection 1 产品中，每一景 Landsat 影像均包含与其空间范围相同的、分辨率为 30 m 的 BQA，每一像元用 16 位无符号整型记录与成像质量相关的各种成像条件概率参数（如地表、大气、传感器等），BQA 取值对应的成像条件参考 https://landsat.usgs.gov/collectionqualityband。首先，挑选出卷云出现概率［仅对应 Landsat-8 OLI，图 3-13（h）］和云出现概率两者任一为高值（high confidence）的取值集合；然后，遍历 BQA 的全部像元，落入取值集合的像元均用于云掩膜的构建。Landsat-4/5 TM、Landsat-7 ETM+ 以及 Landsat-8 OLI 的 BQA 取值集合及成像条件参数如表 3-1 和表 3-2 所示。在研究中，出现概率为低和中等的卷云和云像元并未纳入云掩膜的构建——概率为低的（卷）云多对应为实际无云覆盖的地表［图 3-13（d）］，概率为中等的（卷）云多为类似薄云地物的误判。其次，由于 BQA 中云阴影识别结果与真实情况存在较大差异［图 3-13（a）和图 3-13（d）］，标记为云阴影的像元也未纳入云掩膜的构建。

表 3-1　云在 Landsat-4/5/7 TM/ETM+ 质量评估波段（BQA.TIF）对应值

像元值	云阴影概率	云概率	是否为云	波段饱和	像元描述
752	Low	High	Yes	No	云出现频次高
756	Low	High	Yes	1~2 bands	低饱和波段中云出现频次高
760	Low	High	Yes	3~4 bands	中饱和波段中云出现频次高
764	Low	High	Yes	5+ bands	高饱和波段中云出现频次高

表 3-2　云和卷云在 Landsat-8 OLI 质量评估波段（BQA.TIF）对应值

像元值	卷云概率	云阴影概率	云概率	是否为云	波段饱和	像元描述
2800	Low	Low	High	No	No	云出现频次高
2804	Low	Low	High	Yes	1~2 bands	低饱和波段中云出现频次高
2808	Low	Low	High	Yes	3~4 bands	中饱和波段中云出现频次高
2812	Low	Low	High	Yes	5+ bands	高饱和波段中云出现频次高
6896	High	Low	High	Yes	No	卷云出现频次高
6900	High	Low	High	Yes	1~2 bands	低饱和波段中卷云出现频次高
6904	High	Low	High	Yes	3~4 bands	中饱和波段中卷云出现频次高
6908	High	Low	High	Yes	5+ bands	高饱和波段中卷云出现频次高

　　BQA 来源于 CFMask 算法,对云检测存在着部分错误,导致初步构成的云掩膜仍然存在着一定的误差(Liu et al., 2016b)。一方面,海洋油气开发平台在光学影像上的高反射率使得部分平台像元易被错误地检测为云或卷云;另一方面,部分薄云由于反射率较低并没有被 BQA 有效甄别[图 3-13(a)和图 3-13(d)黑圈]。因此,研究采用数学形态学运算,进一步优化云掩膜:由于海洋油气开发平台在光学影像上最大不超过 30 个像元,对初步构建的云掩膜进行面积开操作运算,筛选出连片分布面积大于 30 个像元的目标,避免平台和云的混淆[图 3-13(e)黑圈];对于厚云边缘的薄云,对云掩膜进行 5 个像元的膨胀运算减少薄云识别的误差[图 3-13(e)黑圈]。在此基础上,将每一景光学影像上落入对应云掩膜的海上目标剔除,很大程度上抑制了海上目标检测结果中的云虚警[图 3-13(f)和图 3-13(i)]。然而,对于离散分布而又未被 BQA 检测的薄云,数学形态学方法难以奏效[图 3-13(g)和图 3-13(i)白圈],这部分误差将在 3.4 节运用时间序列累加方式进一步排除。

3.4　时间序列平台位置确定

　　由于研究区广阔浩瀚,气象条件复杂,云的散布对提取造成了强烈干扰,同时海洋旅游业、渔业和航运的快速发展使得大量船只散布在海面上,因此单一时相的海上目标检测结果除了包括海洋油气开发平台,仍存在大量虚警。一方面,BQA 对云检测的遗漏以及云掩膜修正时的形态学运算,可能导致海上目标检测结果中含有部分云的错误;另一方面,舰船与平台形状相近[尤其是浮式生产储油装置 FPSO,附图 1(f)],遥感反射特征相似,也会导致海上目标检测结果中包含部分舰船的错误。此外,成像时刻被云覆盖,受背景杂波干扰,抑或不适当的阈值选取还会造成检测结果存在少量海洋油气开发平台的遗漏。因此,本节通过时间序列累加策略进一步将单一时相检测的海上目标"去伪存真",提取并确定海洋油气开发平台的空间位置。

3.4.1　高定位精度影像平台空间位置确定

　　与移动的舰船和云相比,海洋油气开发平台的位置是相对静止的,即具有位置相对不变的特征。值得注意的是,本书定义海洋油气开发平台的位置是"相对"固定的,主要考虑到 FPSO 也是平台的一种,它们底部固定,但在海面上的海浪和潮汐的影响下,其位置会有轻微地偏移。尽管如此,FPSO 在中等空间分辨率的时间序列影像中可以近似认为是稳定的,因为它们的移动范围通常很小(一般不超过 100 m,即在 Landsat 系列影像中约 3 个像元)。海洋油气开发平台与虚警(舰船、云、杂波等)的动静差异使得:某一时相影像中被错误检测的虚警很难出现在其他时相的检测结果中，从而在检测结果时间序列中呈现出积累低谷；某一时相影像中未被检测的平台可能在其他时相的影像中被有效检测而得以补充，并在检测结果时间序列中呈现出积累高峰。

因此，针对单一时相的海上目标检测结果，本书提出时间序列累加策略（target detection time-series, TDTS），尽量弥补海洋油气开发平台检测的遗漏，同时尽量排除虚警的影响。TDTS 按照不同传感器影像的空间定位精度差异分为两类进行。首先直接运用于空间定位精度较高影像（空间定位误差不超过 3 个像元，即 Landsat-7 ETM+、Landsat-8 OLI 和 ALOS-1 PALSAR）的检测结果，步骤如下：

（1）将同一传感器、相同成像日期且空间邻近的检测结果采用最大值合成方式拼接为单个二值检测结果[图 3-14（a）]，避免检测结果累加时的重复计数。

（2）将同一传感器的所有单一时相的二值检测结果进行数值累加，生成海上目标累计频次分布图[图 3-14（c）]。对于光学影像，将单一时相的云掩膜取反（云值为 0，背景值为 1）进行数值累加，生成影像可用性频次分布图[图 3-14（d）]；对于 SAR 影像，将单一时相的有效数据标记为 1 进行数值累加，生成影像可用性频次分布图。将海上目标累计频次分布图除以影像可用性频次分布图获取海上目标出现频率分布图[图 3-14（e）和图 3-15]。

（3）对海上目标出现频率分布图和累计频次分布图同时设置固定阈值，提取高频（相对静止的平台出现频次要显著高于随机分布的虚警）像元，视为海洋油气开发平台。考虑到不同传感器影像数目不同引起的时间序列长度差异，固定阈值的选取依据传感器分别设定（表 3-3）。

（4）将各个传感器海洋油气开发平台识别结果归并去重，并将识别结果转化为矢量多边形和多边形矢量中心点[图 3-14（f）]，为后续低定位精度影像几何校正提供参考。

表 3-3　各个传感器识别海洋油气开发平台时对应的阈值选取

影像名称	获取时间	出现频率阈值/%	累计频次阈值
Landsat-4/5 TM	1992～2011	6	9
Landsat-7 ETM+	1999～2013	6	6
Landsat-8 OLI	2013～2016	6	9
JERS-1 SAR	1993～1998	40	3
ALOS-1 PALSAR	2006～2011	40	9

相比于未经云掩膜的海上目标检测结果累计频次分布图，经过云掩膜的累计频次分布图中虚警数量明显减少[图 3-14（b）和图 3-14（c）]。考虑影像信息可用性的空间分布差异[图 3-14（d）]，生成的出现频率分布图不但进一步减少了

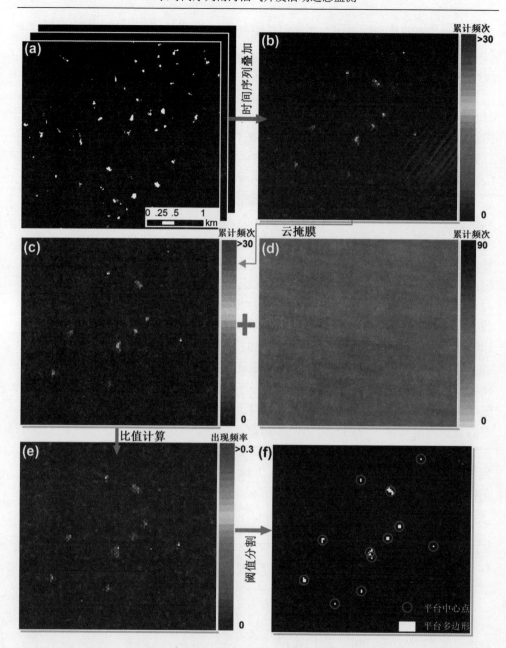

图 3-14　高定位精度影像（偏差<3 个像元）基于 TDTS 策略的海洋油气开发平台识别

（a）Landsat-7 ETM+单一时相海上目标检测结果；（b）未经云掩膜的海上目标检测结果累计频次分布；（c）经过云掩膜的海上目标检测结果累计频次分布；（d）云掩膜取反累加的影像可用性频次分布；（e）海上目标检测结果出现频率分布；（f）Landsat-7 ETM+影像 TDTS 策略下的海洋油气开发平台最终识别结果

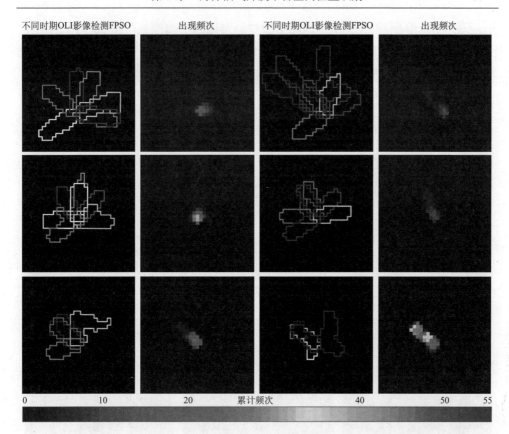

不同时期OLI影像检测FPSO　　　出现频次　　　不同时期OLI影像检测FPSO　　　出现频次

0　　　　　　10　　　　　　20　　　累计频次　　　40　　　　　50　　　　55

图 3-15　基于 OLI 影像不同时期 FPSO 海洋油气开发平台累计频次检测

第一列和第三列为 FPSO 的矢量多边形，第一列的三个 FPSO 位于 Landsat 影像的 128/53 带，第三列的三个 FPSO 位于 Landsat 影像的 128/54 带；第二列和第四列为对应第一列和第三列的 FPSO 的出现频率图

虚警的数量，而且提高了目标像元值，降低了虚警像元值，促使两者的区分更加明显［图 3-14（c）和图 3-14（e）］。对于具有条带现象的 ETM+影像时间序列，出现频率分布图对平台目标信息的提升尤为明显［图 3-14（e）和图 3-15］。此外，采用出现频率可以有效避免不同传感器时间序列影像数目差异引起的阈值难以统一的弊端（对于光学影像，出现频率阈值统一为 6；对于 SAR 影像，出现频率阈值统一为 40）。因此，本书采用出现频率作为海洋油气开发平台识别的主要依据。然而，将累计频次也作为识别平台的参考是为了规避检测结果时间序列累加的边缘出现虚警（累计频次很少而出现频率很高），使平台识别结果更加准确。

3.4.2　低定位精度影像校正下平台空间位置确定

早期传感器影像在海域的空间定位精度较差，定位误差均超过 3 个像元。以高定位精度影像上识别的海洋油气开发平台矢量点为参考（称为"平台参考点"），

Landsat-4/5 TM 影像在无/稀少地面空间点的海域的空间偏差可达 50 m（L1TP）至 500 m（L1GS），JERS-1 SAR Mosaic 在海域的空间偏差约为 200 m （Liu et al., 2016b; Liu et al., 2018a）（附图 3）。若对上述影像的海上目标检测结果直接进行时间序列累加，往往难以取得良好的效果：图 3-16（a）是 Landsat-4/5 基于 TDTS 策略的累计频次分布图，由于不同时相影像的空间位置偏差严重，海洋油气开发平台与周围虚警累计频次相似甚至略低，难以分离。

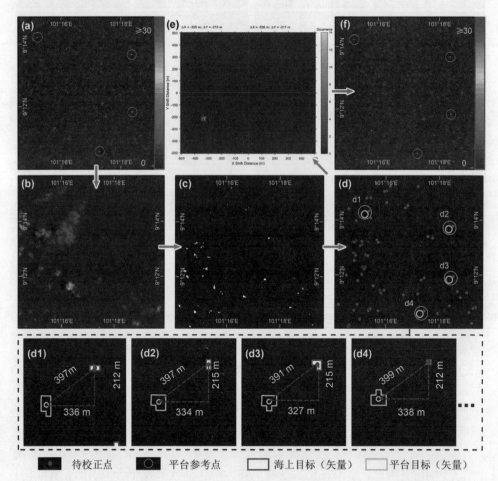

图 3-16　低定位精度影像 Landsat-4/5 TM（偏差>3 个像元）自动化几何校正过程

（a）128/54（行/带）原始影像基于 TDTS 策略的累计频次分布；（b）128/54（行/带）2011 年 4 月 28 日 Landsat-5 TM 第 7 波段原始影像；（c）128/54（行/带）2011 年 4 月 28 日 Landsat-5 TM 第 7 波段影像海上目标检测结果；（d）油气平台参考点和海上目标待校正点分布，（d1）～（d3）展现了三组潜在匹配点及其 X 和 Y 方向上的偏差；（e）基于潜在匹配点的二维 X/Y 距离偏差直方图；（f）128/54（行/带）校正后影像基于 TDTS 策略的累计频次分布

平台参考点与低定位精度影像上的对应平台目标通常表现出相似的偏移
[图 3-16 (d1) ～图 3-16 (d3)、图 3-17 (d1) ～图 3-17 (d3)]。那么，在一景
低定位精度的影像上，多组对应的平台的相似偏移在沿 X 和 Y 方向的距离偏差直
方图中表现出高值聚集中心[图 3-16 (e) 和图 3-17 (e)]。与之相对，平台参考
点与低定位精度影像上的海上虚警目标的偏移是易变的[图 3-16 (d) 和图 3-17
(d)]，在沿 X 和 Y 方向的距离偏差直方图中表现出随机和离散分布[图 3-16 (e)
和图 3-17 (e)]。因此，以高定位精度影像识别的平台矢量中心点作为海域的"地
面控制点"(ground control point, GCP)，首先对低定位精度的影像(Landsat-4/5 TM
和 JERS-1 SAR Mosaic) 进行自动化几何校正，再利用 TDTS 策略识别低定位精
度影像的海洋油气开发平台，具体步骤如下：

（1）将低定位精度影像的海上目标检测结果转化成矢量多边形，再生成多边
形的中心矢量点（称为"待校正点"）。

（2）以平台参考点为中心，建立搜索半径为 500 m 的缓冲区。从一景低定位
精度影像的所有待校正点中选出落入缓冲区的潜在匹配点。由于云覆盖或阈值不
当，潜在匹配点可能很少或者没有[图 3-17 (d)]，同时也存在由于虚警遍布而
引起潜在匹配点众多的情况[图 3-16 (d)]。

（3）计算每个平台矢量点与潜在匹配点之间沿 X 和 Y 方向的偏差，以
Landsat-4/5 TM 一景影像（或 JERS-1 SAR 一块 5°×5° Mosaic）绘制 X/Y 二维偏差
距离直方图[图 3-16 (e) 和图 3-17 (e)]。通过 Mean shift 算法（Cheng, 1995;
Comaniciu and Meer, 2002）自动寻找直方图中最大密度点，获取该点对应的 X 和
Y 方向的距离校正该影像的几何偏差。

（4）仿照高定位精度影像 TDTS 策略，将经过几何校正的低定位精度影像按
传感器依次生成累计频次图[图 3-16 (f) 和图 3-17 (f)]和出现频率图，并设定
固定阈值（表 3-3）识别海洋油气开发平台。

Mean shift 算法是一个迭代的步骤，通过不断将当前点向偏移均值点移动，
当前点最终收敛到概率分布密度最大的地方。具体来说，二维空间 R^2 有 n 个样本
点：$i=1, \cdots, n$，在空间中任意选择一点当前点 x，那么 Mean shift 向量的基本形
式为式 (3.5)：

$$M_h = \frac{1}{k} \sum x_i \in S_h (x_i - x) \tag{3.5}$$

$$S_h(x) = \left\{ y : (y-x)^\mathrm{T} (y-x) \leqslant h^2 \right\} \tag{3.6}$$

式中，S_h 是一个半径为 h（称为带宽）的圆形区域[图 3-18 (a)]，是满足式 (3.6)
的 y 点的集合；k 表示在 n 个样本点 x_i 中，有 k 个点落入 S_h 区域中。之后将当前
点 x 移动至 Mean shift 向量 $M_h[x \leftarrow M_h$，图 3-18 (b)]，重复以上步骤，可得到

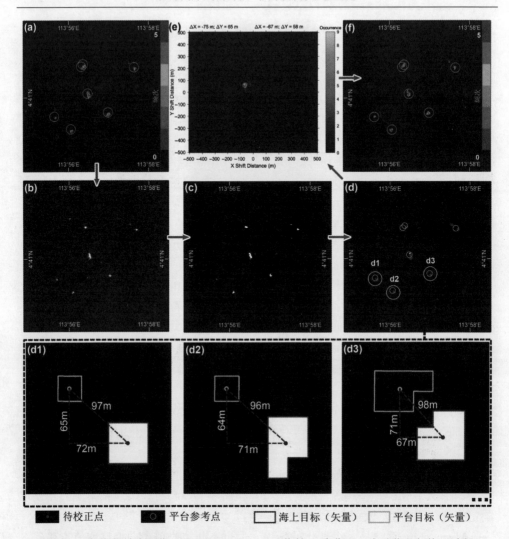

图 3-17　低定位精度影像 JERS-1 SAR Mosaic（偏差>3 个像元）自动化几何校正过程

（a）N05E110 块基于 TDTS 策略的累计频次分布；（b）N05E110 块 1997 年 HH 极化原始影像；（c）N05E110 块 1997 年 HH 极化影像海上目标检测结果；（d）油气平台参考点和海上目标待校正点分布，（d1）～（d3）展现了三组潜在匹配点及其 X 和 Y 方向上的偏差；（e）基于潜在匹配点的二维 X/Y 距离偏差直方图；（f）N05E110 块校正后基于 TDTS 策略的累计频次分布

新的 Mean shift 向量 M_h[图 3-18（c）]，并再次将当前点 x 移动至新的 Mean shift 向量 M_h。经过反复迭代，当前点移动到分布密度最大的区域[图 3-18（d）]。研究考虑空间距离的衰减效应，采用核函数将 Mean shift 向量基本形式加入不等的权重值改写为式（3.7），以适应更加普遍而广泛的情况。

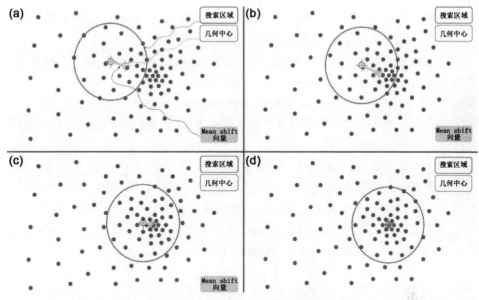

图 3-18　Mean shift 算法示意图

（a）二维圆形区域 Mean shift 算法；（b）当前点向区域质心第一次移动；（c）当前点向区域质心第二次移动；
（d）当前点（近似）达到密度最大值区域

$$M_h = \frac{\sum x_i \in S_h x_i g\left(\|x_i - x\|\right)}{\sum x_i \in S_h g\left(\|x_i - x\|\right)} - x \tag{3.7}$$

式中，$\|x_i-x\|$ 表示样本点 x_i 与当前点 x 坐标之差的范数，用欧氏距离表示；带宽 h
设置为搜索半径的 1/10（50 m）；核函数采用二维高斯函数 $g(x)$，具体公式如式（3.8）
所示。

$$g(x) = \exp\left(-\frac{x^2}{2 \times h^2}\right) \tag{3.8}$$

　　由于各景（块）平台参照点数目有限（参照点最多不足 200 个，部分景仅有
数个），X/Y 二维偏差距离直方图中的匹配点数目不多。为了避免 Mean shift 算法
局部收敛甚至发散的情况，研究提取 X/Y 二维偏差距离直方图中点分布集中的区
域作为 Mean shift 算法的起始点 [图 3-16（e）和图 3-17（e）圆圈]，以促进 Mean
shift 算法高效精确地收敛到直方图密度最大的位置 [图 3-16（e）和图 3-17（e）
圆圈]，进而确定影像 X 方向和 Y 方向的偏差。

　　考虑到低定位精度遥感影像自动化几何校正的稳健性，在一景（块）影像中，
只有潜在匹配点超过 6 对时，研究才绘制 X/Y 二维偏差距离直方图。且在 X/Y 二
维偏差距离直方图中，只有存在密度分布超过 2 的栅格 [10 m×10 m，图 3-16（e）
和图 3-17（e）]，研究才利用 Mean shift 算法计算密度中心进行几何校正。对于

缺少足够潜在匹配点或是空间偏差不具有明显聚集性的低定位精度影像不做处理。因此，仅有部分影像完成了自动化几何校正过程：

对于 JERS-1 SAR Mosaic 影像，拼接影像宽广的图幅，加之 SAR 卫星全天候的监测能力，保证了多数影像中存在足够多的潜在匹配点。具体来说，16 个行/带中有 13 个行/带（共计 71 块 JERS-1 SAR Mosaic 影像）包含平台参考点，共 59 块影像构建了 X/Y 二维偏差距离直方图，其中 36 块影像进行了自动化几何校正，总体校正率为 50.7%。

对于 Landsat-4/5 TM 影像，受南海平台参考点分布不均衡以及海洋多云雨天气的干扰，仅有少数影像具备足够多的潜在匹配点。在 150 个行/带中只有 47 个行/带[共计 15 802 景 Landsat-4/5 TM 影像，图 3-19（a）]包含平台参考点，

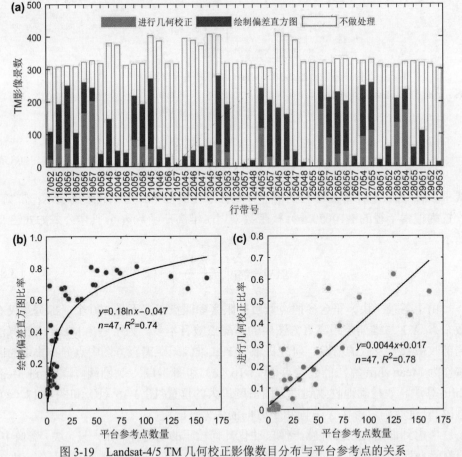

图 3-19　Landsat-4/5 TM 几何校正影像数目分布与平台参考点的关系

（a）Landsat-4/5 TM 中生成距离偏差直方图以及进行几何校正影像数目分布；（b）各个行/带包含平台参考点数目与 X/Y 二维偏差距离直方图数目的关系；（c）各个行/带包含平台参考点数目与进行几何校正影像数目的关系

共 5871 景影像构建了 X/Y 二维偏差距离直方图，其中 1909 景影像进行了自动化几何校正，总体校正率仅为 12.1%。同时，不同行/带的平台参考点数量不同，生成 X/Y 二维偏差距离直方图和进行几何校正的影像比例存在较大差异[图 3-19（a）]。一方面，平台参考点数量与生成 X/Y 二维偏差距离直方图的影像比例存在明显的指数关系[R^2=0.74，图 3-19（b）]：平台参考点数目不足 100 时，X/Y 二维偏差距离直方图生成比例的提升主要依赖于平台参考点数目的增加；平台参考点数目超过 100 后，X/Y 二维偏差距离直方图生成比例基本维持在 0.8，此时 X/Y 二维偏差距离直方图生成比例可能更多依赖于行/带成像质量（云覆盖量）。另一方面，平台参考点与几何校正影像比例的正向线性相关性[R^2=0.78，图 3-19（c）]表明：包含平台参考点数目较少的行/带，几何校正比例一般较低，校正后的最终累加结果改进不大，但由于行/带仅包含少量海洋油气开发平台目标，识别结果的错误不会对平台总体造成较大误差；相反，包含平台参考点数目较多的行/带，大部分的影像进行了几何校正，很大程度上改进了海洋油气开发平台聚集区的时间序列累加结果，促使平台总体识别精度明显提高。

尽管 Landsat-4/5 TM 各个行/带的校正率均不足 0.7[图 3-19（a）]，但自动化几何校正后的海洋油气开发平台提取效果提升明显。以校正率为 0.43 的 128/53（行/带）为例，研究以最终识别的各个海洋油气开发平台目标（一个至数十个像元）的最大像元值为参照，对比几何校正前后的累计频次和出现频率的变化。在累计频次方面，TM 影像经过几何校正处理后海洋油气开发平台识别效果均有大幅度明显提升（图 3-20 和图 3-21），所有目标平均提高 262.3%，且频次越小的目标提升比例越高（降序排序最后 1/2 的目标平均提高 300.0%）。与 TM 影像相比，ETM+

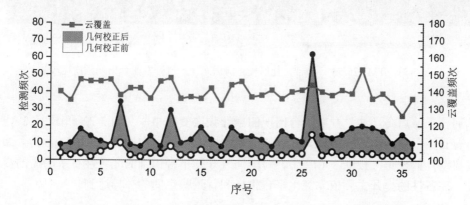

图 3-20　Landsat-4/5 TM 几何校正前后海洋油气开发平台识别效果比较

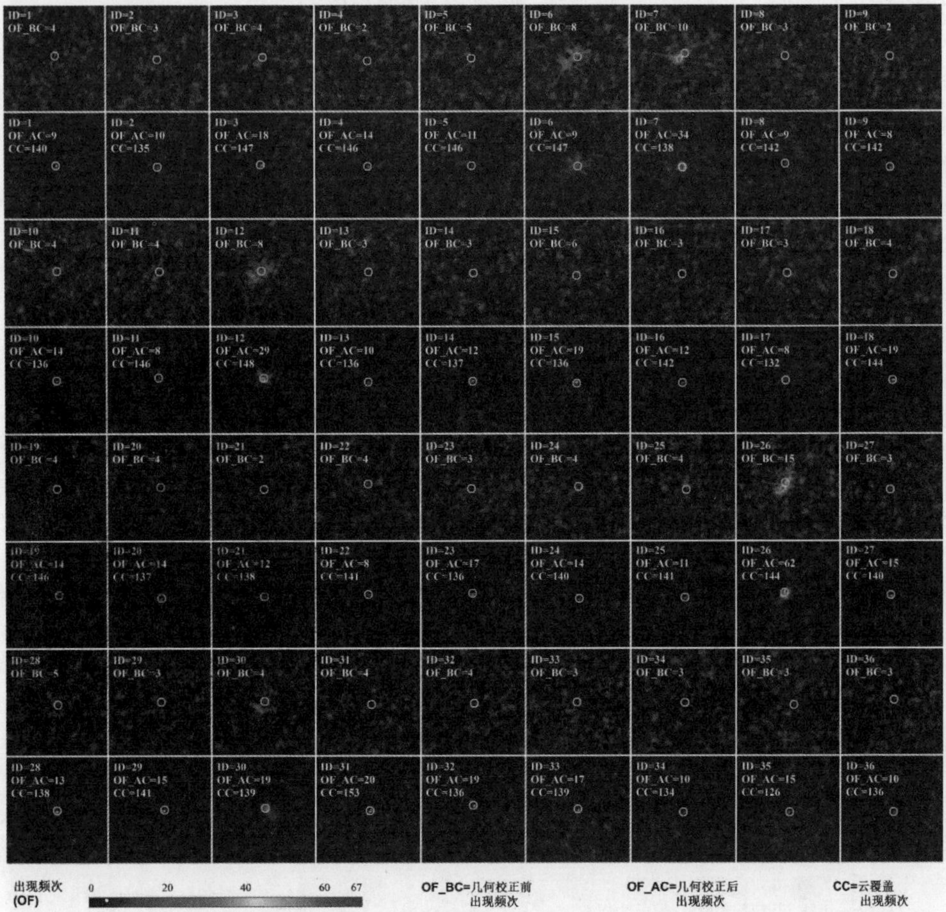

图 3-21　TM 128/53（行/带）几何校正前后海洋油气开发平台出现频次比较

几何校正前后海洋油气开发平台出现的累计频次变化相似（图 3-22 和图 3-23），所有目标平均提高 230.5%，降序排序最后 1/2 的目标平均提高 300.0%。因此，通过自动几何校正，128/53（行/带）海洋油气开发平台识别的完备性有了明显的提升。完备性的提升主要依靠突出平台目标和背景噪声间的差异达到。

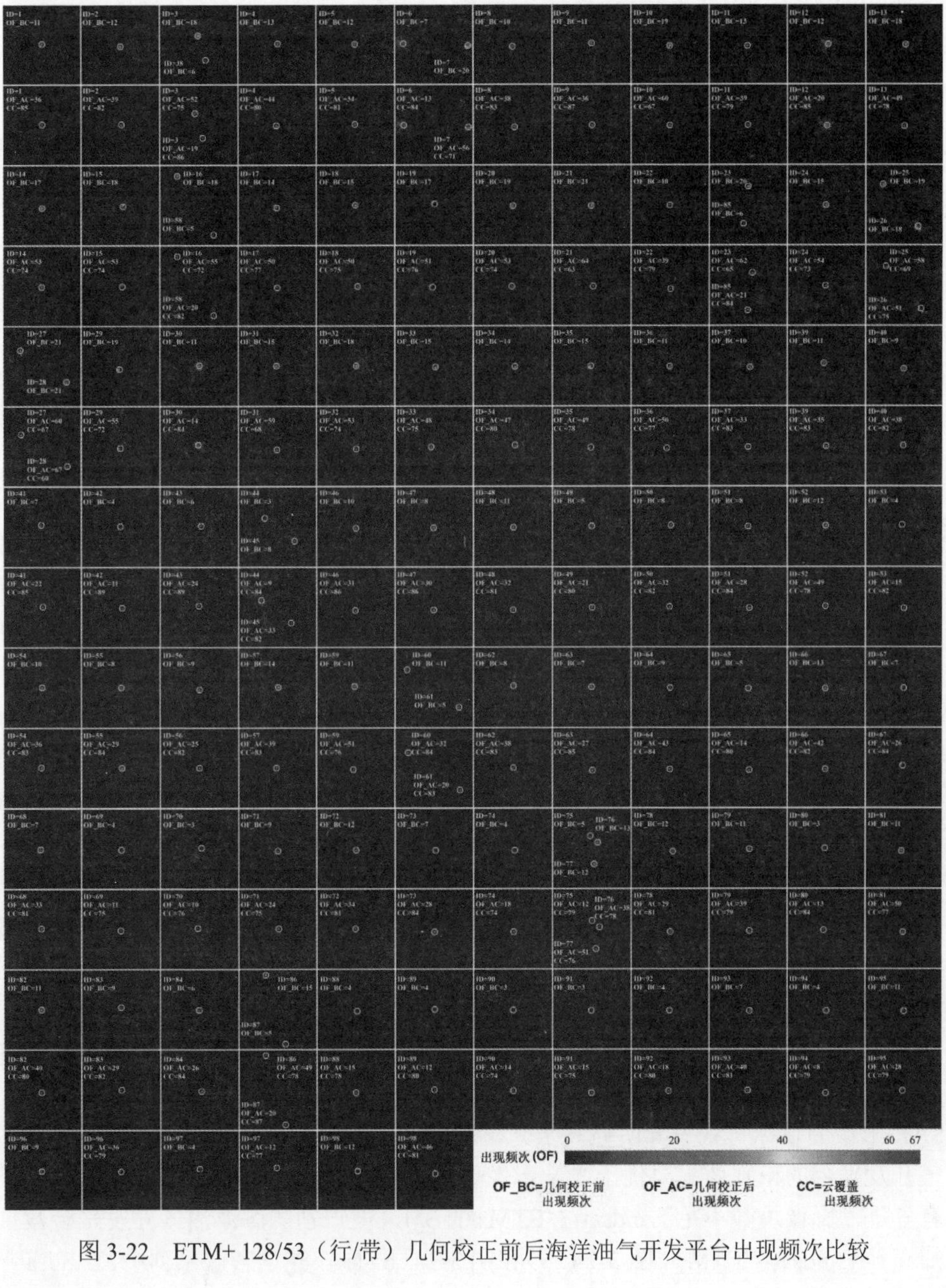

图 3-22　ETM+ 128/53（行/带）几何校正前后海洋油气开发平台出现频次比较

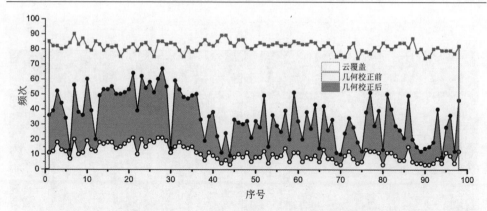

图 3-23　Landsat-7 ETM+几何校正前后海洋油气开发平台识别效果比较

3.5　南海海洋油气开发平台分布与验证

3.5.1　南海海洋油气开发平台空间分布

　　研究将每个行/带的海洋油气开发平台识别结果按不同传感器归并去重，同时排除位于海岸线 5 km 缓冲区以内的平台目标（南海近岸 5 km 以内的海域存在许多平台疑似目标，与 Google Earth 的高分快视图和实景照片比对后发现，绝大多数的疑似平台目标为港口、灯塔、岛礁等），获得了各个传感器覆盖不同时期的海洋油气开发平台识别结果（图 3-24）。具体来说，Landsat-4/5 TM 在 1992～2011 年识别海洋油气开发平台 509 个[图 3-24（a）]，Landsat-7 ETM+在 1999～2013 年识别海洋油气开发平台 759 个[图 3-24（b）]，Landsat-8 OLI 在 2013～2016 年识别海洋油气开发平台 992 个[图 3-24（c）]，JERS-1 SAR Mosaic 在 1993～1998 年识别海洋油气开发平台 469 个[图 3-24（d）]，ALOS-1 PALSAR 在 2006～2011 年识别海洋油气开发平台 805 个[图 3-24（e）]。通过对比分析，发现不同数据源下南海海洋油气开发平台识别数量的不同主要来源于：

　　（1）目标检测敏感性差异：基于 TDTS 策略的平台识别方法立足于单一时相平台目标检测结果，影像数据上平台目标与背景差异越明显，识别结果越精确。SAR 影像的目标背景差异明显高于光学影像，在相同条件下，SAR 影像上海洋油气开发平台的识别效果要优于光学影像[尽管 ALOS-1 PALSAR 影像获取时间只有 6 年，影像总数不足 Landsat-7 ETM+的 3/4，但识别的海洋油气开发平台数量却高于 Landsat-7 ETM+，图 3-24（b）和图 3-24（e）；在光学影像系列中，Landsat-8 OLI、Landsat-7 ETM+和 Landsat-5 TM 的信噪比不断提高，成为三者识别的海洋油气开发平台数量逐渐递增的原因之一[图 3-24（a）～图 3-24（c）]。

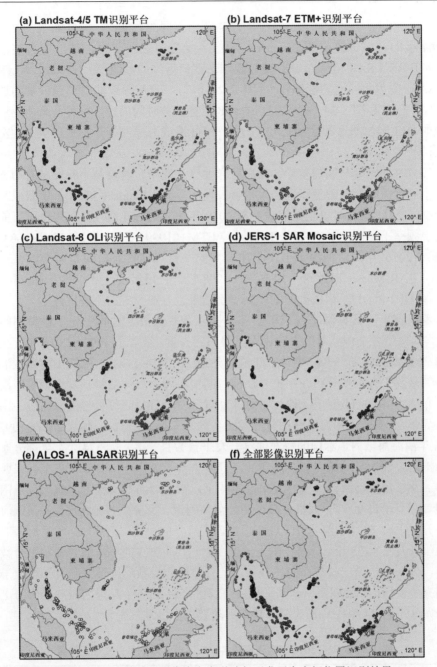

图 3-24　各个传感器影像南海海洋油气开发平台空间位置识别结果

　　（a）Landsat-4/5 TM（1992～2011 年）南海油气平台识别结果；（b）Landsat-7 ETM+（1999～2013 年）南海油气平台识别结果；（c）Landsat-8 OLI（2013～2016 年）南海油气平台识别结果；（d）JERS-1 SAR Mosaic（1993～1998 年）南海油气平台识别结果；（e）ALOS-1 PALSAR（2006～2011 年）南海油气平台识别结果；（f）各个传感器（1992～2016 年）南海油气平台识别合成结果

（2）空间可用性分布差异：空间覆盖范围不同的数据源，海洋油气开发平台识别结果的区域性差异明显。SAR 影像多受覆盖范围所限，难以覆盖整个南海——JERS-1 SAR Mosaic 缺少覆盖我国珠江口近岸的影像[图 2-2(d)]，ALOS-1 PALSAR 覆盖北部湾的影像较少[图 2-2（e）]，难免导致油气平台识别的遗漏[图 3-24（d）和图 3-24（e）]；Landsat-8 卫星服务时间尚短，覆盖马来西亚近岸海域的 OLI 影像严重不足[图 2-2（c）]，可能造成海洋油气开发平台识别的空间缺失[图 3-24（c）]。

（3）时间跨度与间隔差异：南海海洋油气开发平台建设是不断发展的动态过程，不同覆盖时期的影像识别结果也将表现出差异。Landsat-5 TM 影像获取时间为 1992～2011 年，可以预见的是，在 2010 年建立的海洋油气开发平台，可能由于出现频率不足而被漏判。而在 Landsat-7 ETM+(1999～2013 年)和 Landsat-8 OLI（2013～2016 年）时间序列上，上述漏判的平台可能被有效识别而得以补充。JERS-1 SAR Mosaic 时间跨度为 1993～1998 年，且每年仅一景，同一地区至多 6 景影像[图 2-2（d）]组成的时间序列识别结果也存在一定的不确定性。

考虑到单一数据源平台识别的局限性以及多源数据时间序列平台识别的互补性，本书将各个传感器的平台识别结果归并去重，获取了 1992～2016 年存在的 1143 个南海海洋油气开发平台空间位置分布[图 3-24（f）]。除泰国湾海域的海洋油气开发平台主要分布在中央外，南海其他海域的海洋油气开发平台呈现沿海岸分布趋势[图 3-24（f）]。通过将海洋油气开发平台空间位置与南海周边各国宣称疆界叠合，确定了南海海洋油气开发平台的国家归属（表 3-4，附表 2）：在 1992～2016 年南海海域内，泰国的海洋油气开发平台数目最多，为 374 个，全部分布在泰国湾内。其次是马来西亚，海洋油气开发平台 328 个，主要分布在东马来西亚沿岸。文莱第三，海洋油气开发平台 144 个，密集分布在文莱近岸海域。越南海洋油气开发平台 90 个，大量分布在湄公河口附近，少量分布在北部湾。我国海洋油气开发平台 79 个，部分位于珠江口沿岸，部分位于北部湾海域。印度尼西亚海洋油气开发平台 28 个，分布在纳土纳群岛附近。菲律宾的海洋油气开发平台数量最少，为 9 个，沿巴拉望岛海岸分布。此外，还有少数海洋油气开发平台位于各个国家争议区内：柬埔寨—泰国—越南争议区平台 53 个；马来西亚—泰国海上共同开发区平台 24 个；马来西亚—越南大陆架边界区油气平台 14 个。

表 3-4　1992～2016 年南海周边各国及区域海洋油气开发平台数量

国家（区域）	海洋油气开发平台数量
泰国	374
马来西亚	328
文莱	144

续表

国家（区域）	海洋油气开发平台数量
越南	90
中国	79
印度尼西亚	28
菲律宾	9
柬埔寨—泰国—越南共同开发区	53
马来西亚—泰国共同开发区	24
马来西亚—越南共同开发区	14

3.5.2　南海海洋油气开发平台分布精度验证

南海海域广阔且充满争议，难以采用调查方式验证海洋油气开发平台空间位置。因此，研究通过国产高空间分辨率影像[33 景 ZY-3 多光谱影像和 46 景 GF-1 全色波段，覆盖南海范围超过 15.5 万 km^2，图 2-2（f）]，验证南海海洋油气开发平台空间位置。由于高分影像海域部分也存在系统性的空间定位偏差[图 2-4（c1）~图 2-4（c4）]，研究认为若在平台识别目标 500 m 范围内高分影像上没有出现平台，则视为平台目标识别的错判；若在确定的平台周围，发现与海洋油气开发平台影像特征相似、无舰船尾迹且未被识别的目标，则视为平台目标识别的漏判。

79 景高分影像中，27 景没有覆盖平台识别目标，通过目视解译也未发现疑似海洋油气开发平台目标存在；对于剩余的 52 景高分影像，通过逐景、逐平台识别目标的目视判别进行精度验证（图 3-25 展示了基于 ZY-3 多光谱影像文莱近岸的海洋油气开发平台分布聚集区的验证情况，图 3-26 展示了基于 GF-1 影像泰国湾的海洋油气开发平台分布聚集区的验证情况），精度验证结果如图 3-27。

总体来看，52 景高分影像，覆盖平台识别目标 715 个，排除云覆盖而难以确定的目标 87 个，共验证平台识别目标 628 个[占平台识别目标总体的 54.9%，图 3-27（a）]，正确识别目标 569 个，错判目标 59 个，漏判目标 13 个——正确率 88.8%，错判率 9.2%，漏判率 2.0%。根据验证来源的不同，经过验证的平台识别目标又可划分为仅 ZY-3 验证目标、仅 GF-1 验证目标和共同验证目标三类[图 3-27（a）]。仅 ZY-3 验证平台识别目标 291 个（占平台识别目标总体的 25.5%）：正确识别目标 257 个，错判目标 34 个，漏判目标 4 个——正确率 87.1%，错判率 11.5%，漏判率 1.4%。仅 GF-1 验证平台识别目标 284 个（占平台识别目标总体的 24.8%）：正确识别目标 261 个，错判目标 23 个，漏判目标 9 个——正确率 89.1%，错判率 7.8%，漏判率 3.1%。ZY-3 和 GF-1 共同验证平台识别目标 53 个（占平台

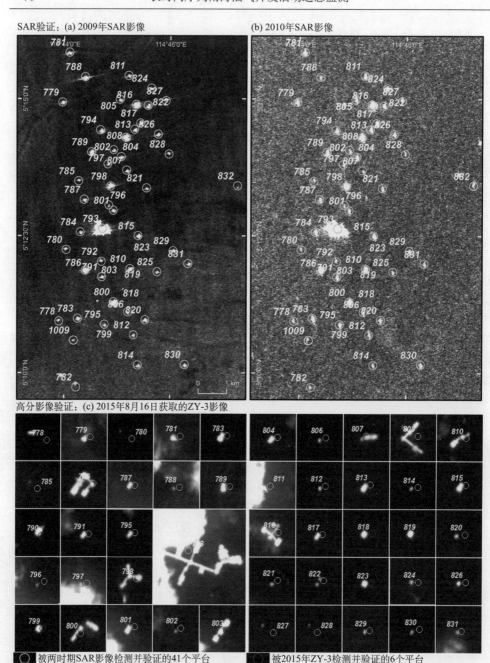

图 3-25　基于 ZY-3 多光谱影像的南海海洋油气开发平台空间位置目视解译验证

（a）文莱近岸的海洋油气开发平台空间位置精度验证（背景为 2009 年 SAR 影像以凸显目标）；（b）文莱近岸
的海洋油气开发平台空间位置精度验证（背景为 2010 年 SAR 影像以凸显目标）；（c）基于 ZY-3 影像文莱近岸
的海洋油气开发平台空间位置精度验证

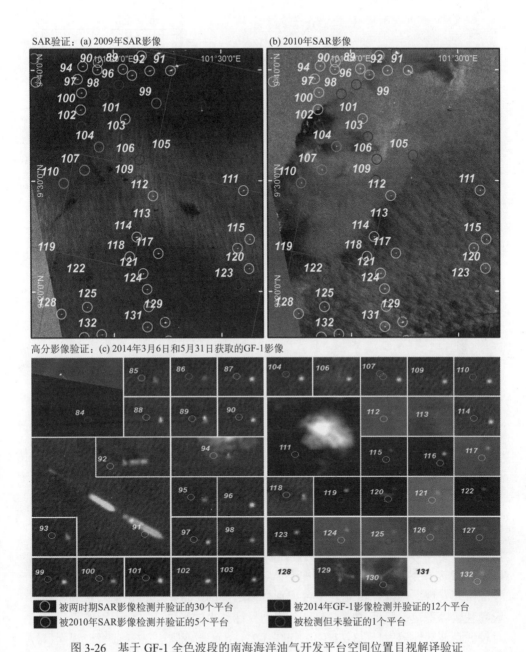

图 3-26　基于 GF-1 全色波段的南海海洋油气开发平台空间位置目视解译验证

（a）泰国湾海洋油气开发平台空间位置精度验证（背景为 2009 年 SAR 影像以凸显目标）；（b）泰国湾海洋油气开发平台空间位置精度验证（背景为 2010 年 SAR 影像以凸显目标）；（c）基于 GF-1 影像的泰国湾海洋油气开发平台空间位置精度验证

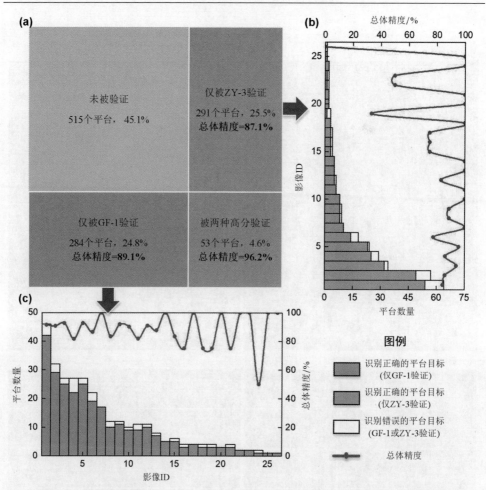

图 3-27　高分影像（ZY-3、GF-1）对南海海洋油气开发平台空间位置的验证结果

（a）ZY-3 和 GF-1 影像验证南海海洋油气开发平台所占比例；（b）每景 ZY-3 影像验证南海海洋油气开发平台数量及平台目标识别精度分布；（c）每景 GF-1 影像验证南海海洋油气开发平台数量及平台目标识别精度分布

识别目标总体的 4.6%）：正确识别目标 51 个，错判目标 2 个，无漏判目标——正确率 96.2%，错判率 3.8%，漏判率 0%。同时，通过对 ZY-3 和 GF-1 逐景的精度验证研究发现：验证（覆盖）平台识别目标越多的影像，平台识别的正确率相对较高且较为稳定；验证（覆盖）平台识别目标越少的影像，平台识别的正确率相对较低且波动性较大[图 3-27（b）和图 3-27（c）]。例如，当验证平台识别目标超过 10 个时，ZY-3 和 GF-1 影像的正确率均值达 89.3%，标准差仅 5.9%；而当验证平台识别目标小于 10 个时，ZY-3 和 GF-1 影像的正确率均值下降为 83.0%，标准差陡升至 23.3%（表 3-5）。

表 3-5　基于每景 ZY-3 和 GF-1 影像的南海油气开发平台空间位置验证结果

影像序号	影像名称	日期	总计	正确	误判	漏判	准确率
1	ZY3_MUX_E114.8_N5.2	2012-12-30	64	54	10	0	0.844
2	ZY3_MUX_E114.1_N4.8	2012-12-20	57	49	7	1	0.860
3	ZY3_MUX_E102.4_N8.0	2014-02-28	34	32	1	1	0.941
4	ZY3_MUX_E113.7_N4.4	2013-08-13	29	25	4	0	0.862
5	ZY3_MUX_E102.5_N8.4	2014-02-28	24	23	1	0	0.958
6	ZY3_MUX_E108.7_N20.7	2014-10-08	18	14	4	0	0.778
7	ZY3_MUX_E105.2_N5.6	2014-02-09	10	10	0	0	1.000
8	ZY3_MUX_E108.4_N10.0	2014-03-16	9	8	1	0	0.889
9	ZY3_MUX_E104.1_N6.0	2014-11-16	9	8	0	1	0.889
10	ZY3_MUX_E112.1_N19.6	2014-01-31	8	8	0	0	1.000
11	ZY3_MUX_E104.2_N5.6	2014-03-15	6	6	0	0	1.000
12	ZY3_MUX_E105.1_N5.2	2014-02-09	6	5	0	1	0.833
13	ZY3_MUX_E112.9_N3.6	2013-10-06	5	5	0	0	1.000
14	ZY3_MUX_E119.2_N11.6	2014-03-23	5	5	0	0	1.000
15	ZY3_MUX_E103.0_N6.8	2014-03-10	4	3	1	0	0.750
16	ZY3_MUX_E104.2_N7.2	2014-03-20	4	3	1	0	0.750
17	ZY3_MUX_E114.3_N5.2	2014-02-06	4	3	1	0	0.750
18	ZY3_MUX_E102.3_N7.6	2014-02-28	3	3	0	0	1.000
19	ZY3_MUX_E115.1_N5.2	2013-08-18	3	1	2	0	0.333
20	ZY3_MUX_E106.5_N4.0	2014-03-01	2	2	0	0	1.000
21	ZY3_MUX_E106.6_N4.4	2014-03-01	2	2	0	0	1.000
22	ZY3_MUX_E108.4_N19.2	2014-10-08	2	1	1	0	0.500
23	ZY3_MUX_E112.3_N4.4	2014-01-12	2	1	1	0	0.500
24	ZY3_MUX_E113.0_N4.8	2014-03-22	2	2	0	0	1.000
25	ZY3_MUX_E104.1_N6.4	2014-03-20	1	1	0	0	1.000
26	ZY3_MUX_E114.3_N5.6	2012-12-20	1	0	1	0	0
1	GF1_PMS2_E101.4_N8.9	2014-03-06	46	42	3	1	0.913
2	GF1_PMS1_E101.2_N9.6	2014-03-06	32	29	3	0	0.906
3	GF1_PMS1_E101.4_N9.4	2014-05-31	27	25	2	0	0.926
4	GF1_PMS2_E107.8_N9.8	2014-09-30	27	22	5	0	0.815
5	GF1_PMS1_E101.5_N9.8	2014-05-31	27	25	1	1	0.926
6	GF1_PMS2_E101.4_N8.7	2014-03-06	22	19	3	0	0.864
7	GF1_PMS2_E101.4_N10.6	2014-05-27	17	17	0	0	1.000
8	GF1_PMS1_E113.6_N4.8	2015-03-20	12	10	2	0	0.833
9	GF1_PMS2_E103.2_N7.3	2014-09-02	12	11	0	1	0.917

续表

影像序号	影像名称	日期	总计	正确	误判	漏判	准确率
10	GF1_PMS1_E108.6_N10.4	2014-09-05	11	9	1	1	0.818
11	GF1_PMS2_E100.7_N7.5	2014-05-27	11	10	0	1	0.909
12	GF1_PMS1_E102.9_N7.6	2014-09-02	10	9	1	0	0.900
13	GF1_PMS2_E107.8_N9.5	2014-09-30	8	7	1	0	0.875
14	GF1_PMS1_E107.7_N18.5	2014-12-09	5	5	0	0	1.000
15	GF1_PMS1_E114.7_N20.8	2014-11-01	6	5	0	1	0.833
16	GF1_PMS2_E103.2_N7.5	2014-09-02	4	3	1	0	0.750
17	GF1_PMS2_E104.8_N4.7	2014-09-14	4	4	0	0	1.000
18	GF1_PMS2_E113.9_N4.7	2015-03-20	4	3	1	0	0.750
19	GF1_PMS1_E112.7_N4.2	2013-08-17	4	3	0	1	0.750
20	GF1_PMS1_E115.3_N21.3	2014-05-25	3	3	0	0	1.000
21	GF1_PMS2_E104.8_N5.0	2014-03-13	4	3	0	1	0.750
22	GF1_PMS2_E100.3_N10.6	2014-12-10	2	2	0	0	1.000
23	GF1_PMS2_E114.1_N5.9	2015-03-20	2	2	0	0	1.000
24	GF1_PMS1_E116.1_N21.9	2014-07-09	2	1	0	1	0.500
25	GF1_PMS1_E99.9_N10.1	2014-12-10	1	1	0	0	1.000
26	GF1_PMS2_E108.3_N17.6	2014-05-22	1	1	0	0	1.000

值得注意的是,尽管 ZY-3 与 GF-1 评判结果的正确率相近,但在错误率方面仍表现出一定的差异:ZY-3 的错判率高于 GF-1,漏判率低于 GF-1。其主要原因来源于:

第一,空间分辨率的差异。ZY-3 多光谱影像空间分辨率为 6m,对小型海洋油气开发平台监测能力有限,在影像上往往仅表现为微弱亮点[图 3-25(c)]。而 GF-1 的全色波段空间分辨率为 2 m,海洋油气开发平台在该影像上的纹理更清晰[图 3-26(c)],因而对小型海洋油气开发平台监测能力更强。这决定了 GF-1 全色波段能够发现更多的小型平台而使错判率较低,但同时发现了更多平台疑似目标而造成漏判率较高。考虑到两者空间分辨率的差异,当某一海域同时覆盖 ZY-3 多光谱影像和 GF-1 全色波段时,研究优先选择 GF-1 全色波段作为平台识别目标的解译源。

第二,影像获取时间的差异。海洋油气开发平台建设是动态发展的过程,基于 TDTS 策略识别的海洋油气开发平台空间位置是 1992～2016 年出现的平台空间位置的集合,而用于验证的高分影像仅是其中某一时刻存在的海洋油气开发平台记录。ZY-3 多光谱影像来自于 2012～2014 年，GF-1 全色波段来自于 2013～2015 年（表 3-5）。可以预见的是，2016 年新建的以及在 2012 年之前移除的海洋油气开发平台将在验证时被归为错判，同时，由于 GF-1 的获取时期晚于 ZY-3，也是前者错判率低于后者的原因之一。此外，在 ZY-3 和 GF-1 共同覆盖的海域，由于每一平台识别目标覆盖多期检验影像而能捕捉不断建设平台的过程，因而平台识别目标的正确率要明显高于仅覆盖一景 ZY-3 或 GF-1 的结果。同时，在不同时期获取的 SAR 影像上，研究发现了少量高分影像上未发现的平台识别目标（图 3-26），也同样说明了影像获取时间的差异对平台识别精度验证的影响。

综上所达，ZY-3 多光谱影像略粗的空间分辨率以及高分影像有限的覆盖范围可能导致海洋油气开发平台识别真实的漏判率高于验证的漏判率；同时，海洋油气开发平台识别时期与高分影像验证时刻的差异可能造成真实的错判率低于验证的错判率。可见，进一步确定海洋油气开发平台的建立和存在时期有助于更加精细化平台目标验证工作，本书将在下一章对包括海洋油气开发平台建设时间在内的多维状态属性进行提取。

3.6　本 章 小 结

海洋油气开发平台是海上油气资源开发的重要表征。针对海洋油气开发平台目标小、影像特征微弱、虚警干扰严重等难点，本章基于海洋油气开发平台位置不变和大小不变特征，结合顺序统计滤波与云掩膜去噪方法，发展了联合多源遥感影像海洋油气开发平台高准确性的识别方法，突破了不充分信息条件下海洋油气开发平台遥感监测的关键技术，获取近 25 年南海存在的海洋油气开发平台的空间分布。研究的具体内容和结果包括：

（1）提出了适用于夜间灯光、可见光和 SAR 影像的单一时相海上目标检测方法。针对多源单一时相影像，以顺序统计滤波同质化海面背景，以自适应阈值分割去除影像噪声，结合质量评估波段和数学形态学运算构建云掩膜，从而增强海上目标。实验表明，顺序统计滤波能够规避异质背景下的目标检测错误，云掩膜能够有效抑制光学影像中大量的云虚警。

（2）提出了基于时间序列累加的海洋油气开发平台位置识别方法。通过单一时相检测结果进行时间序列累加，以累计频次和出现频率为依据，将海洋油气开发平台进一步去伪存真。同时，为了规避海域影像定位偏差的影响，利用 Mean shift 算法创新性地借助高定位精度影像辅助校正低定位精度的影像，获取定位精度相对一致的影像数据集。

（3）获取并验证了南海海洋油气平台空间位置分布。集成各个传感器平台识别结果，获取 1992～2016 年南海海域存在的 1143 个海洋油气开发平台的空间位置。经过 2012～2015 年高分影像目视解译验证，平台目标识别的正确率为 88.8%，错判率为 9.2%，漏判率为 2.0%。较高的错判率主要来源于海洋油气开发平台出现与验证时间的不一致，若将两者修正统一（第 4 章），平台识别正确率上升至 93.5%，错判率下降至 4.2%，漏判率为 2.3%，表明南海海洋油气开发平台空间位置识别精度较高。

第4章 海洋油气开发平台状态属性提取

海洋油气开发平台建设过程中，大型复合型和老化废弃平台数目不断增加。大型复合型平台含有多个伴生天然气焚烧源，是海洋温室气体的主要来源；大型复合型平台占据海洋生物的栖息地，影响底栖生物的多样性（Burke et al., 2012; Claisse et al., 2014）。老化废弃平台则会在海水侵蚀和地下压力下重新运作，导致大量的海洋溢油污染（Bakke et al., 2013; Nara et al., 2014）。可见，获取海洋油气开发平台的状态/属性信息，对评估海洋污染、促进海洋管理意义重大。

目前，通过遥感手段提取海洋油气开发平台状态/属性信息尚处于起步阶段。考虑到单一时相影像海洋油气开发平台检测的不确定性，本书构建平台检测时间序列稳定的特征统计量，结合时序模式识别和经验修正函数等方法，提取南海海洋油气开发平台的工作状态、大小/类型、作业水深等多维状态/属性信息。综上所述，本章的主要内容分为三个部分：油气平台工作状态判定、油气平台大小/类型识别、作业水深及离岸距离测算（图4-1）。

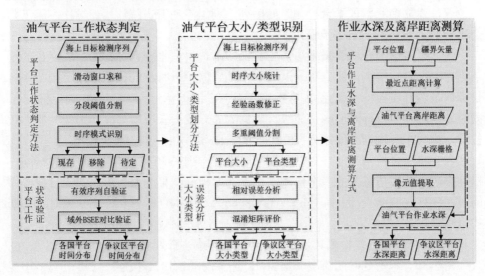

图4-1 海洋油气开发平台状态属性提取流程图

4.1　海洋油气开发平台工作状态判定

4.1.1　平台工作状态判定方法

　　海洋油气开发平台工作状态判定主要确定多源影像时间序列中获取的平台是现存的还是移除的，同时获取平台的建立时间、存在时长和移除时间等信息。在理想状态下（多源影像时间序列覆盖平台工作始末且平台在每一影像上均准确检测），平台的工作状态可以由平台检测时间序列（即平台被检测到为 1，未被检测到为 0）直观反映，即平台首次被检测到的时间对应建立时间，之后首次未被检测到的时间对应移除时间，在建立和移除之间的每次观测平台都应被准确检测。然而，单一时相的海上目标检测结果的部分虚警（舰船或薄云混淆导致检测结果为 1）与遗漏（云覆盖或阈值不当导致检测结果为 0），往往造成平台检测时间序列出现检测（1）与未检测（0）参差交错分布的现象，对时间序列下平台状态判定带来很大的干扰。

　　尽管如此，海洋油气开发平台持续性作业的特点有助于解决上述难题——平台建立后，单位时间内的检测频次应该显著高于建立之前；平台移除后，单位时间内的检测频次应该显著低于移除之前。因此，研究基于海洋油气开发平台的空间位置，建立多源影像平台检测时间序列，利用滑动窗口统计累计频次，用于判定平台的工作状态，具体步骤如下：

　　（1）以各个平台的矢量多边形为目标，筛选出与平台目标存在空间交集的全部影像海上目标检测结果。逐一遍历各个传感器单一时相的检测结果，判断平台目标内是否存在被检测像元；若存在则在对应时间上标记为 1，不存在则标记为 0。同时，剔除平台目标对应影像边缘（数据缺失）或被云覆盖（光学影像）的无效检测，构建平台检测时间序列[图 4-2（a）、图 4-3（a）、图 4-4（a）]。

　　（2）将平台检测时间序列以日期顺序进行排列去重——对同一平台目标同一日期来源于不同传感器的多个检测结果，选取检测结果的最大值，构建日期排序的时间序列检测结果[图 4-2（b）、图 4-3（b）、图 4-4（b）]和检测结果对应日期的索引查找表。

　　（3）平台对应有效检测数目呈现高斯分布特征，有效检测数目的平均值为 268 次（图 4-5）。考虑到时间跨度（24 年），选择滑动窗口大小为 11（对应约 1 年观测时长），逐一统计滑动窗口中检测频次总和，生成邻域频次时间序列[neighboring frequency time-series, NFTS，图 4-2（c）、图 4-3（c）、图 4-4（c）]。

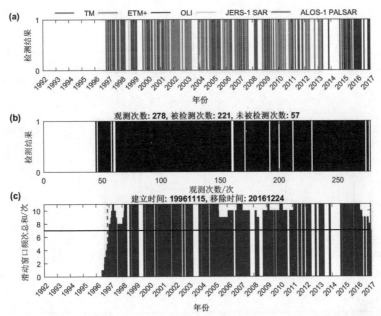

图 4-2　基于时间序列的现存油气平台（Platform ID=1052）工作状态识别

（a）多源影像序列检测结果（排除云覆盖）；（b）日期去重排序后时间序列检测结果（1 为检测，0 为未检测）；
（c）邻域频次时间序列（窗口大小 11）

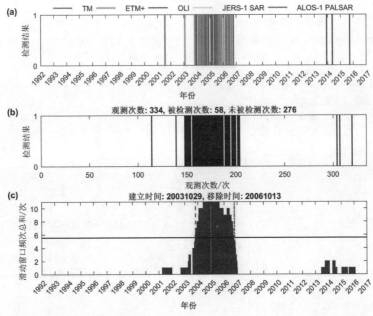

图 4-3　基于时间序列的移除油气平台（Platform ID=278）工作状态识别

（a）多源影像序列检测结果（排除云覆盖）；（b）日期去重排序后时间序列检测结果（1 为检测，0 为未检测）；
（c）邻域频次时间序列（窗口大小 11）

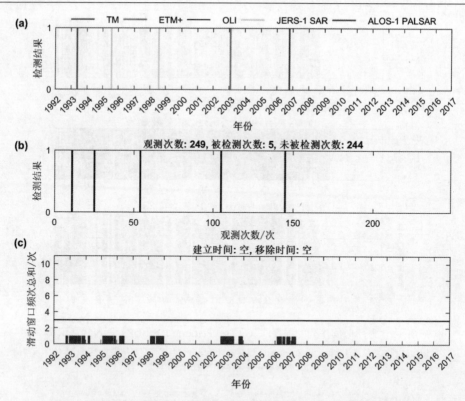

图 4-4　基于时间序列的待定油气平台（Platform ID=61）工作状态识别

（a）多源影像序列检测结果（排除云覆盖）；（b）日期去重排序后时间序列检测结果（1 为检测，0 为未检测）；
（c）邻域频次时间序列（窗口大小 11）

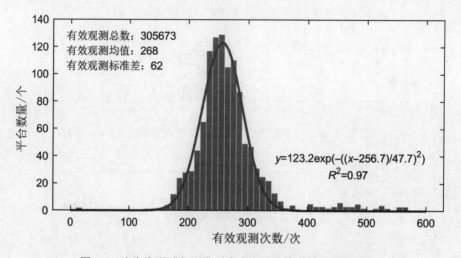

图 4-5　南海海洋油气开发平台多源影像有效检测数目分布

（4）与随机噪声不同，平台建成后将在 NFTS 上表现出持续而稳定的数值高峰，一般大于均值（μ）+标准差（σ），可采用异常检测方法识别[图 4-3（c）]。然而，部分持续作业[图 4-2（c）]或短暂出现[图 4-4（c）]的平台会导致异常检测方法失效，该情况更适宜采用固定阈值方法进行判别。因此，研究提出分段阈值（fragmentation threshold, FT）函数提取 NFTS 中的数值高峰[式（4.1）]。

$$FT = \begin{cases} 3, & \mu(NFTS) + \sigma(NFTS) \leqslant 3 \\ \mu(NFTS) + \sigma(NFTS), & 3 < \mu(NFTS) + \sigma(NFTS) \leqslant 7 \\ 7, & \mu(NFTS) + \sigma(NFTS) > 7 \end{cases} \qquad (4.1)$$

（5）在 NFTS 上首次出现数值高峰的时间（日期索引查找表获得）判定为平台建立时间，数值高峰最后出现时间判定为平台移除时间，平台的存在时长即为平台移除时间与平台建立时间之差[图 4-2（c）和图 4-3（c）]。根据 NFTS 上数值高峰出现与否与出现时间进一步将平台的工作状态划分为三类：

①现存的平台——NFTS 上存在数值高峰且在最后 5 次检测（对应约半年观测时长）出现（图 4-2）；

②移除的平台——NFTS 上存在数值高峰但不在最后 5 次检测出现（图 4-3）；

③待定的平台——NFTS 上不存在数值高峰（图 4-4）。

从本质上来说，大部分待定平台可能源于海洋油气开发平台识别误差。研究所得的南海海洋油气开发平台的空间位置是各个传感器识别结果的总和，每一传感器识别的结果主要依据累计频率获得，对于 SAR 数据而言，可能存在某些区域因覆盖影像较少而判别错误。例如，对于每年仅有一景 JERS-1 SAR Mosaic 而言，累计频率>0.4 仅对应两景检测结果[图 4-4（a）]，可能会出现将海上舰船误判为海洋油气开发平台的情况。此外，少量待定平台也可能是早期移除平台的误判。在 1999 年之前，用于海洋油气开发平台空间位置识别的数据仅有 Landsat-4/5 TM 和 JERS-1 SAR Mosaic，相邻年际 SAR 检测结果中穿插着许多 TM 检测结果。相比于 SAR，TM 平台检测能力有限（往往难以检测出小型平台），造成了 SAR 检测结果彼此孤立而未形成 NFTS 上的数值高峰，在 1998 年之前被移除的小型平台可能被认定为待定平台。总体上，研究判定的待定平台仅有 35 个，不到平台总数的 3.1%。

值得注意的是，考虑到移除的海洋油气开发平台，研究发现在 2012~2015 年，高分影像实际验证南海平台识别目标 557 个（占平台识别目标总体的 48.7%），正确识别目标 533 个，错判目标 24 个，漏判目标 13 个。因而，南海海洋油气开发平台识别的正确率修正为 93.5%，错判率修正为 4.2%，漏判率修正为 2.3%。可见，基于 TDTS 策略对海洋油气开发平台空间位置识别的实际精度很高。

4.1.2　平台工作状态验证

利用高空间分辨率影像可以精确确定影像成像时刻海洋油气开发平台的存在与否。然而，高额的影像获取成本以及可用时间限制（最早商用高分 IKONOS 卫星 1999 年发射成功）严重制约了利用高分影像验证 NFTS 判定的平台工作状态的可行性。因此，本书采用基于多源影像有效观测序列的自检验和基于美国墨西哥湾 BSEE 数据库的对比检验验证 NFTS 判定的平台工作状态。前者的验证精度较粗，但能反映南海海洋油气开发平台状态的精度；后者可以提供更加全面的精度验证并说明 NFTS 方法的可扩展性（附图 11 和附图 12）。

基于多源影像有效观测序列的自检验是指对于某一海洋油气开发平台，筛选出覆盖该平台的全部有效观测影像，通过逐景目视解译确定平台在影像上出现的最早（建立）和最迟（移除）时间，进而与 NFTS 判定的平台状态比较。图 4-6 说明了 FPSO 平台（ID：290）的自检验过程：通过有效影像连续观测确定该平台的建立和移除时间分别为 2008 年 8 月 23 日和 2011 年 11 月 20 日，而 NFTS 判定的建立和移除时间分别为 2008 年 9 月 24 日和 2011 年 8 月 8 日，建立和移除时间分别相差 32d 和–104d。然而，通过逐景目视解译的自检验过程耗时巨大，特别是长时期持续工作的平台。因此，本书采用系统采样策略，挑选 ID 末位为 0 的平台 115 个（约占总体样本的 1/10）进行基于多源影像有效观测序列的自检验过程，反映南海海洋油气开发平台的工作状态判定精度。

对于南海系统采样的 115 个海洋油气开发平台，NFTS 判定的和自检验解译的建立时间的拟合关系较好[图 4-7（a）]：除了少量拟合点偏差较大，大部分拟合点都围绕着 1∶1 标准线（$y=x$）分布，1∶1 标准线拟合精度为 0.77。从 NFTS 判定的和自检验解译的建立时间的偏差来看[图 4-7（b）]，尽管偏差均值为 431d（1.18 年），但偏差的标准差为 1391d（3.8 年），说明均值受到了极端偏差值（偏差>20 年）的影响。偏差中值和偏差众数均为 0d，且 115 个平台中的 102 个（88.7%）偏差小于 1 年，105 个（91.3%）偏差小于 2 年，都表明 NFTS 判定的建立时间和自检验解译的结果一致性较好。相比建立时间，NFTS 判定的和自检验解译的移除时间的拟合关系更好[图 4-7（c）]：大量拟合点都在 2012 年后围绕着 1∶1 标准线（$y=x$）密集分布，1∶1 标准线拟合精度达 0.9，偏差较大的拟合点不超过 6 年。从 NFTS 判定的和自检验解译的移除时间的偏差来看[图 4-7（d）]，偏差均值仅为 54d，偏差中值和偏差众数均为 0d，111 个平台（96.5%）偏差小于 1 年，112 个（97.4%）偏差小于 2 年，表明 NFTS 判定的和自检验解译的移除时间保持很高的一致性。同时，海洋油气开发平台起止时间判定的偏差对工作状态判定影响较小，经自检验后仅有 2 个平台（1.7%）的工作状态出现差异，一个从现存平台变为移除平台，一个从移除平台变为现存平台。

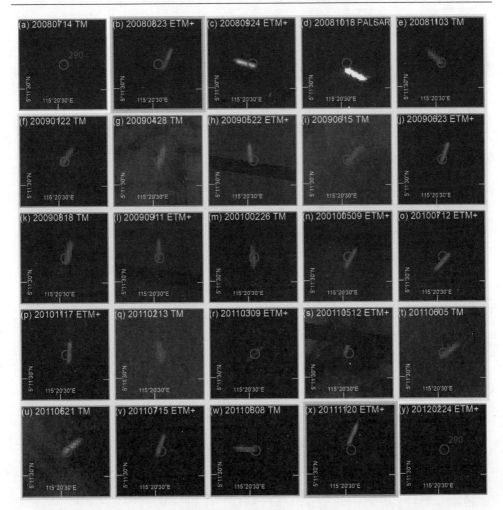

图 4-6　基于多源影像有效观测序列的海洋油气开发平台工作状态自检验过程

（a）～（y）为覆盖 2008 年 7 月至 2012 年 2 月的多源影像（Landsat-4/5 TM，Landsat-7 ETM+，ALOS-1 PALSAR）对油气平台（Platform ID=290，FPSO）的观测结果（黄框为 NFTS 工作状态判定结果，蓝框为有效观测解译实际结果）

　　多源影像有效观测序列的自检验方式主要用于甄别单一时相目标检测错误或目标空间位置偏移造成的时间判定错误。一方面，云掩膜并不能完全消除薄云干扰，短时期内薄云和舰船的错误检测可能造成 NFTS 上出现数值高峰而被认为是海洋油气开发平台；若这种错误出现时间与平台实际建成/移除时间相差较大，则会导致图 4-7（a）中的极端偏差值。另一方面，影像空间定位的偏差以及 FPSO平台本身位置的变化（图 4-6）也会造成单一时相目标检测的漏判；若这种漏判出现在 NFTS 判定的平台存在时长之外，则会带来少量错误[图 4-6(b)、图 4-6(x)]。

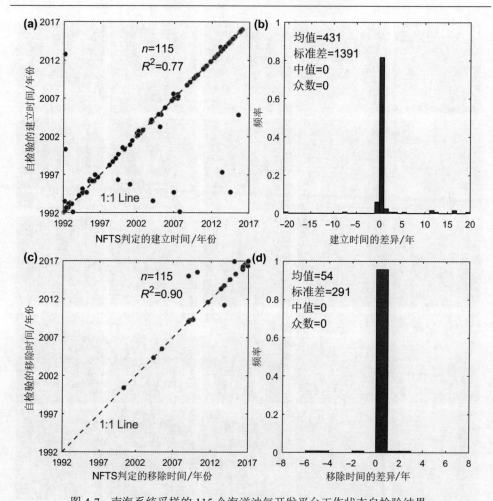

图 4-7　南海系统采样的 115 个海洋油气开发平台工作状态自检验结果

（a）NFTS 判别的与自检验的平台建立时间拟合关系；（b）NFTS 判别的与自检验的平台建立时间差值分布直方图；（c）NFTS 判别的与自检验的平台移除时间拟合关系；（d）NFTS 判别的与自检验的平台移除时间差值分布直方图

　　值得注意的是，自检验方式并不能十分准确地验证平台状态，主要受限于有效观测影像的：①空间分辨率，中等空间分辨率难以清晰识别部分小型平台，更难以掌握其工作状态；②时间分辨率，部分平台的相邻有效观测影像相差一个季度甚至半年以上，精确的平台建立/移除时间难以评估[图 4-6（x）和图 4-6（y）]。因此，本书进一步与美国墨西哥湾 BSEE 数据库记录进行对比验证（附图 8～附图 11）。基于美国墨西哥湾 BSEE 数据库的对比检验表明：基于 NFTS 方法判定的平台建立时间与 BSEE 数据库中相匹配的数据有 1054 个，其中 776 个（73.6%）数据点落入以 1∶1 标准参照线为轴的 1 年以内的缓冲区内，885 个（84.0%）数据点落入标准参照线 2 年以内的缓冲区内。在匹配的 2611 个平台移除时间中,有 1974 个(75.6%)数据点落入以 1:1 标准参照线为轴的 1 年以内的缓冲区内,2224 个(85.1%)数据点落入标准参照线 2 年以内的缓冲区内,结果略优于油气平台建立时间的拟合关系。

综合多源影像有效观测序列的自检验和美国墨西哥湾 BSEE 数据库的对比检验,本书认为 NFTS 平台工作状态判定方法具有一定的稳健性和区域扩展性,在 1992~2016 年,判别误差小于 1 年的精度在 73%~88%(均值 80.5%),判别误差小于 2 年的精度在 84%~91%(均值 87.5%)。

4.1.3 南海海洋油气开发平台建设历程

利用提出的 NFTS 方法对南海 1992~2016 年存在的 1143 个海洋油气开发平台逐一判定工作状态,结果如附表 1、图 4-8 所示。南海现存平台 984 个,移除平台 124 个,待定平台 35 个。待定平台多出现于泰国湾和马来西亚近岸,少量出现在越南湄公河口和北部湾附近,因其数量较少且时间不定,平台时间分析暂且将其排除[图 4-8(d)~图 4-8(g)]。在海洋油气开发平台的建设方面,除 1992 年已建平台 153 个(占总数的 13.4%)外,南海海洋油气开发平台每年的建设数量大致呈现以 6 年为周期的波动增长,建设高峰期为 1996 年、2001 年、2007 年和 2013 年,且平台建设的空间分布大致均匀(图 4-9)。在海洋油气开发平台的移除方面,2003 年之前移除的平台很少(共 13 个,占 1.1%),之后每年移除平台数量快速增加,到 2009 年达到峰值(32 个,占 2.8%),随后移除数量明显下降。移除的平台集中分布在西马来西亚近岸海域,少量分布在泰国湾和越南湄公河口[图 4-8(d)~图 4-8(g)]。由于移除平台相对较少,南海海洋油气开发平台的工作时长与平台建设规律大致相反,除持续工作 25 年(1992~2016 年)的平台有 145 个(占总数的 12.7%)外,南海海洋油气开发平台的工作时长大致呈现以 6 年为周期的波动下降,工作时长的高峰分别 4 年、10 年、16 年和 21 年,工作时长的空间聚集现象不明显(图 4-10)。

考虑到南海各国宣称疆界复杂重叠,重叠疆界区域(争议区)中的海洋油气开发平台国家归属难以确定,本书将南海海域分为南海周边各国以及南海争议区,分别分析海洋油气开发平台的数量变化。

1)南海周边各国油气平台数量变化

南海周边各国在南海的海洋油气开发平台总数从 1992 年的 153 个到 2016 年的 907 个,增长 5.97 倍,呈显著的线性增长趋势(R^2=0.99),平均每年增加约 33 个平台[图 4-11(a)]。根据各个国家 2016 年平台数量和 1992~2016 年变化趋势的不同,本书将其分为三组分析。第一组为泰国、马来西亚和文莱,三个国家的

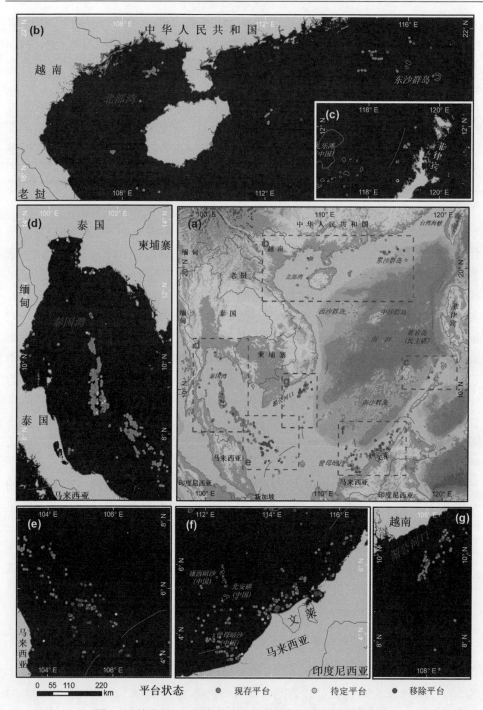

图 4-8　基于 NFTS 判定的南海海洋油气开发平台工作状态

（a）南海整体海洋油气开发平台工作状态分布；（b）～（g）南海各个重点海域海洋油气开发平台工作状态分布

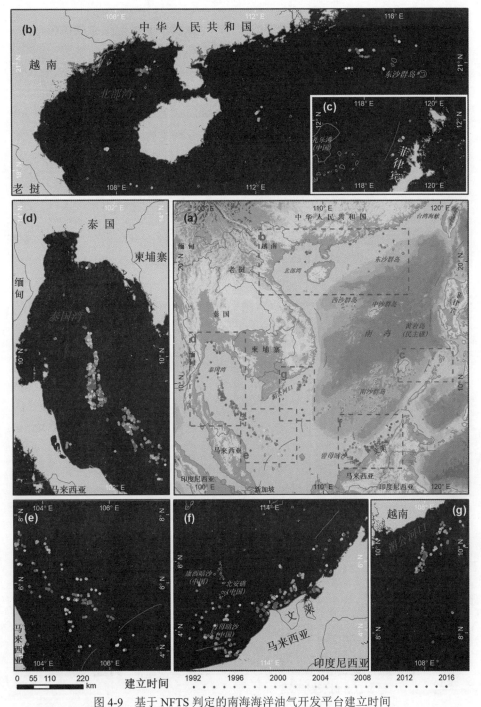

图 4-9 基于 NFTS 判定的南海海洋油气开发平台建立时间

（a）南海整体海洋油气开发平台建立时间分布；（b）～（g）南海各个重点海域海洋油气开发平台建立时间分布

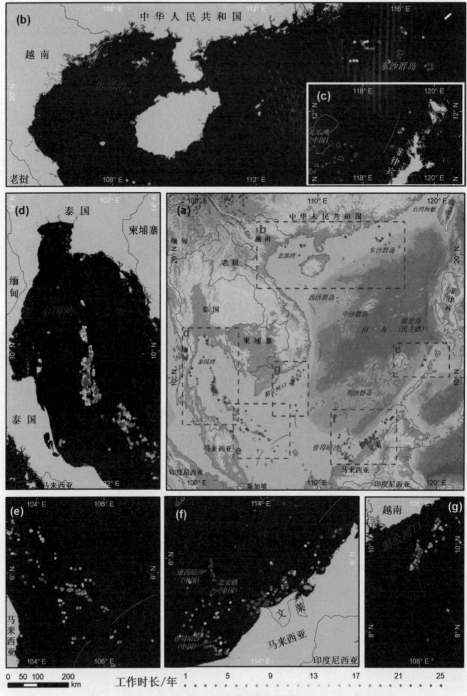

图 4-10　基于 NFTS 判定的南海海洋油气开发平台工作时长

（a）南海整体海洋油气开发平台工作时长分布；（b）～（g）南海各个重点海域海洋油气开发平台工作时长分布

2016 年平台数量均超过 100 且线性增长率很高[图 4-11（b）]：泰国的平台数量和增长率均为最高，平台数量为 350 个，平均每年增加 13.7 个；其次是马来西亚，2016 年平台数量为 251 个，平均每年增加 9.2 个；第三为文莱，2016 年平台数量为 131 个，平均每年增加 3.9 个；三个国家 2016 年的平台总数已超过南海海域平台总数的 80%。第二组为越南和中国，两个国家的平台数量和线性增长率都很接近[图 4-11（c）]：越南的平台数量从 1992 年 17 个增至 2016 年的 78 个，平均每年增加 2.4 个；中国的平台数量从 1992 年的 9 个增至 2016 年的 70 个，平均每年增加 2.4 个；两国 2016 年的平台总数占南海平台总数的 16.3%。第三组为印度尼西亚和菲律宾，两者在南海的海洋油气开发平台很少且表现为先增长后稳定的趋势[图 4-11（d）]：印度尼西亚的平台数量在 2008 年达到峰值 24 个，2009～2010 年部分平台移除后，平台数量维持在 19 个；菲律宾的平台数量在 2001 年达到最大值 8 个，随后的数量基本不变。

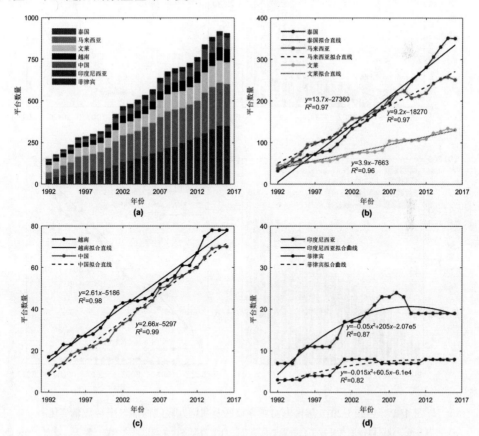

图 4-11　1992～2016 年南海周边各国在南海的海洋油气开发平台数量变化

（a）南海海域整体油气平台数量变化；（b）泰国、马来西亚和文莱在南海海域的油气平台数量变化趋势；
（c）越南和中国在南海海域的油气平台数量变化趋势；（d）印度尼西亚和菲律宾在南海海域的油气平台数量变化趋势

2）南海争议区油气平台数量变化

南海争议区海洋油气开发平台数量也不断增长，从 1992 年的 1 个增至 2016 年的 89 个，呈现以 2005 年为分界线的两个迥异的增长阶段[图 4-12（a）]。2005 年之前，争议区的平台数量增长缓慢，平均每年仅增长 1.1 个；而 2005 年之后，争议区的平台数量激增，平均每年增长 7.2 个。这种变化趋势主要来源于柬埔寨—泰国—

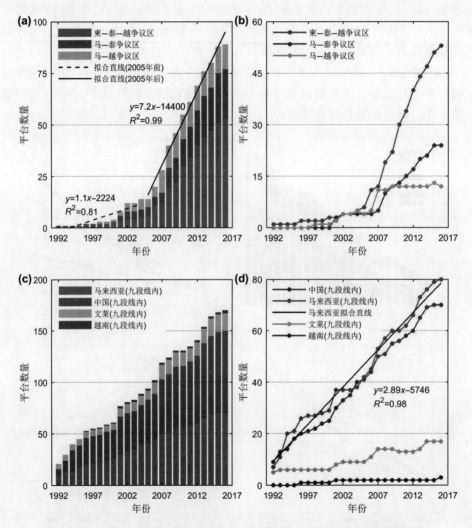

图 4-12　1992～2016 年南海海域争议区及我国九段线内油气平台数量变化

（a）南海海域争议区海洋油气开发平台数量变化趋势；（b）南海各个争议区（柬埔寨—泰国—越南、马来西亚—泰国和马来西亚—越南）海洋油气开发平台数量变化；（c）我国九段线内海洋油气开发平台数量变化；（d）我国九段线内各个国家海洋油气开发平台数量变化趋势

越南争议区的平台变化，1992～2005 年增长 5 个，而 2005～2016 年增长 47 个，前后增速相差约 10 倍[图 4-12（b）]。同时，马来西亚—泰国争议区的平台变化以 2007 年为界也表现出加速增长的变化趋势，1992 年 0 个至 2007 年 5 个再至 2016 年 24 个。马来西亚—越南争议区在 2006 年明显增长 1 倍（2006 年 5 个，2007 年 11 个），随后平台数量一直保持在 12 个上下。

值得注意的是，我国九段线内（本书将九段线间断部分用线段连接得到完整区域）的海洋油气开发平台数量也在持续地增加，从 1992 年的 21 个到 2016 年的 170 个，每年约增长 6.2 个[图 4-12（c）]。1992～2016 年，马来西亚在九段线内的海洋油气开发平台数量呈现明显线性增长趋势（R^2=0.98），平均每年增加平台约 2.9 个[图 4-12（d）]。文莱在九段线内的海洋油气开发平台数量自 2000 年表现出以 6 年为周期的阶段性增长，每个周期约增长 3 个。越南自 1996 年在我国九段线内建设海洋油气开发平台，平台增速相对缓慢，至 2016 年共建立 3 个平台。至 2016 年，在我国九段线内，马来西亚建立平台 80 个，文莱建立平台 17 个，越南建立平台 3 个，三国平台总和占九段线内平台总数的 58.8%。

4.2　海洋油气开发平台大小/类型识别

4.2.1　平台大小/类型划分方法

从理论上来说，当海洋油气开发平台空间位置准确确定后，其大小和类型信息可以通过高分遥感影像目视解译获取。然而，高分影像调查海上油气平台大小/类型的难点在于：①空间覆盖度。高分影像陆地观测居多，海域观测较少，海洋多云雨天气加剧了信息搜集的难度，导致高分影像难以在海域全覆盖。研究广泛收集了 2012～2015 年的南海可用高分影像 79 景，覆盖海洋油气开发平台 715 个，但受到云（阴影）影响，难以识别的平台有 87 个，部分识别但难以测算的平台有 155 个，实际可测算平台仅 473 个。②时间可用性。海洋油气开发平台建设是动态发展的过程，高分影像仅记录某一时间片段的平台信息，历史的平台信息难以追踪。经判定 1992～2016 年南海移除的平台有 124 个，其中在 2012 年之前移除的平台有 89 个，这些平台的大小/类型信息难以通过高分影像获取。

中等空间分辨率影像单一时相检测的平台大小往往存在偏差（像元大小、薄云虚警和阈值误差），但在多源影像长时间序列下平台大小的统计量往往能在一定程度上减小偏差。在此基础上，结合高分影像获取的平台大小为先验知识对中分平台大小建立经验修正函数，有望利用中分时间序列取得较为理想的平台大小模拟效果。此外，考虑到海洋油气开发平台的类型和大小密切相关，结合平台模拟大小和高分先验知识可进一步划分平台的类型，以期获得 1992～2016 年南海各个海洋油气开发平台的大小和类型信息。

1）中分时间序列平台大小统计

以各个平台的矢量多边形为目标，筛选出时间上位于平台目标工作时期、空间上与平台目标存在交集的全部影像检测结果。逐一遍历各个传感器单一时相的平台检测结果，判断平台目标内是否存在被检测像元；若存在，则记录被检测像元数目，若不存在，则记录为 0。根据各个传感器影像的空间分辨率计算单一时相平台目标检测大小，即检测像元数目×像元面积。对于 Landsat-4/5 TM Band7、Landsat-7 ETM+ Band8、Landsat-8 OLI Band6 和 ALOS-1 PALSAR FBS/FBD/PLR，像元面积分别为 900 m²、225 m²、900 m² 和 156.25 m²。对于地理坐标系为 JERS-1 SAR Mosaic 影像而言，像元面积（$Area_{PCS}$）计算见式（4.2）。

$$Area_{PCS} = \frac{(\pi \cdot R \cdot r_{GCS})^2 \cos\theta_{lat}}{32400} \tag{4.2}$$

式中，R 为地球半径（取 6400×10^3 m）；r_{GCS} 为地理坐标系下对应的空间分辨率（取 2.22×10^{-4}°）；θ_{lat} 为平台目标的地理纬度（角度）。在赤道上，JERS-1 SAR Mosaic 的空间分辨率约为 25 m，像元面积约为 625 m²。排除单一时相平台目标检测大小为 0 的结果，按传感器统计在时间序列下的各个平台目标大小的均值。

2）中分平台大小经验修正函数构建

本书通过目视解译获取高分遥感影像覆盖的各个海上油气开发平台的大小，最终解译平台 473 个。这些平台在中分时间序列下的均值大小与高分解译大小的拟合关系如图 4-13 所示。

从纵向（同类传感器，不同代卫星）上看[图 4-13（a）～图 4-13（c），图 4-13（d）、图 4-13（e）]：①随着卫星的升级，拟合相关性（R^2）逐步增加。Landsat 系列具有相近的观测数量 n，R^2 从 TM 的 0.594 增加至 ETM+的 0.656，再上升至 OLI 的 0.813；SAR 系列在观测数量 n 相差近 1 倍的情况下，仍从 JERS-1 SAR Mosaic 的 0.685（n=211）上升到 ALOS-1 PALSAR 的 0.722（n=376）。②Landsat 系列适合用幂函数拟合，SAR 系列则更适合线性拟合。除 TM 外（幂函数与线性函数的 R^2 相近），Landsat 系列幂函数的 R^2 均大于线性函数，数据幂函数分布的趋势随着传感器的更新越发明显；与之相对，SAR 系列线性函数的 R^2 则更大。从横向（时期相近，传感器不同）上看[图 4-13（a）、图 4-13（d），图 4-13（b）、图 4-13（e）]：①分辨率相似的传感器，SAR 系列的拟合效果优于 Landsat 系列。TM（空间分辨率 30 m）的拟合相关性 R^2 为 0.594，小于对应时期 JERS-1 SAR Mosaic（空间分辨率 25 m）的 0.685；ETM+ Band8（空间分辨率 15 m）的 R^2 为

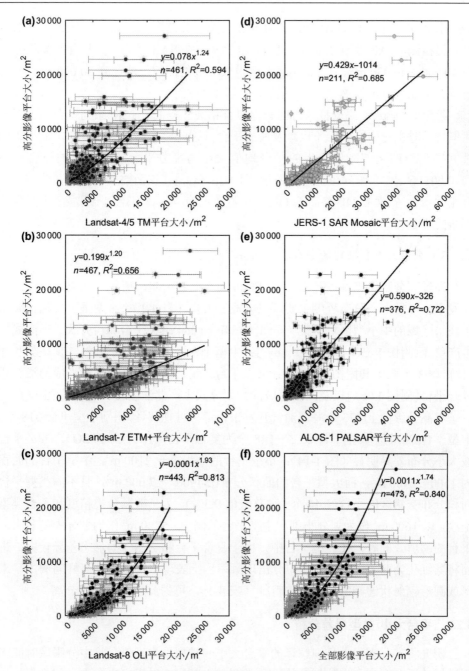

图 4-13　中分影像时间序列平台大小与高分影像平台大小拟合

（a）～（c）分别为 Landsat 系列 TM、ETM+和 OLI 影像时间序列平台大小与高分平台大小拟合结果；（d）和
（e）分别为 JERS-1 SAR Mosaic 和 ALOS-1 PALSAR 影像时间序列平台大小与高分平台大小拟合结果；（f）为
所有传感器影像时间序列平台大小与高分平台大小拟合结果（数据点为影像时间序列面积均值，误差线为影像时
间序列面积标准差）

0.656，也小于对应时期 ALOS-1 PALSAR（空间分辨率 12.5 m）的 0.722。②对于大目标检测，SAR 系列明显大于 Landsat 系列。在 SAR 系列上大目标的面积分布在 40 000～50 000 m^2，在 Landsat 系列上大目标的面积仅能达到 20 000 m^2，两者的差异可能来源于检测原理的不同（见 4.2.2 节）。

综上，Landsat 系列持续时间长但拟合相关性较低，SAR 系列拟合相关性较高但持续时空覆盖有限，难以顾及所有平台。因此，本书将两者集成，最终采用时间序列下的全部影像获得的平台均值大小与高分平台解译大小的拟合关系（$y=0.0011\times x^{1.74}$）作为经验修正函数[图 4-13（f）]。该函数呈现幂函数分布，拟合相关系数 R^2 为 0.840 略高于 OLI（但涵盖所有 473 个平台），明显高于其他传感器的 R^2。

3）基于大小和纹理的平台类型划分

通过高分影像识别以及 Google Earth 相关照片搜集，研究发现南海海洋油气开发平台根据形态复杂程度主要可以分成三大类（表 4-1）：小型平台，包括海岸带浅水区域的中小型固定支架（small and fixed jackets）平台和自升式、半潜式的生产单元[附图 1（a）和附图 1（b）]；中型平台，多建有数个天然气焚烧架和停机坪[附图 1（c）和附图 1（d）]；大型平台，包括多个子平台连接形成的堆叠式复合平台[附图 1（e）]以及深水海域的大型浮式生产储油装置 FPSO[附图 1（f）]。

对高分影像上 473 个海洋油气开发平台逐一目视解译，识别小型平台 318 个，中型平台 92 个，大型平台 63 个（48 个为复合平台，15 个为 FPSO）。各类平台按大小分布差异明显（图 4-14）：小型平台的面积小于 2100 m^2，中型平台的面积为 1500～6400 m^2，而大型平台的面积分布在 4900～27 000 m^2，且不同类型平台面积分布交错区的平台仅 44 个（占总数的 9.3%）。为了兼顾分类精度和平台类型丰度，以 1600 m^2 作为划分小型和中型平台的阈值，5200 m^2 作为划分中型和大型平台的阈值。同时，在大型平台中，由于复合平台和 FPSO 的形态差异较大，进而将其细化为两类。FPSO 在中分出现频率图上表现出围绕频率高峰向周围呈扇形或圆形辐射状递减的显著纹理特征（表 4-1），可据此将其进一步分离。

4.2.2　平台大小/类型误差分析

研究将高分影像上目视解译的平台大小和类型设为真值，将中分影像时间序列模拟的平台大小和据此划分的平台类型与之对比，以确定平台大小和类型的识别误差。

表 4-1 南海海洋油气开发平台类型及其影像表现特征

平台类型	Google Earth 图片	高分影像	出现频率图	平台描述
小型平台				小型固定支架平台
中型平台				含有天然气焚烧架和停机坪的中型平台
大型平台			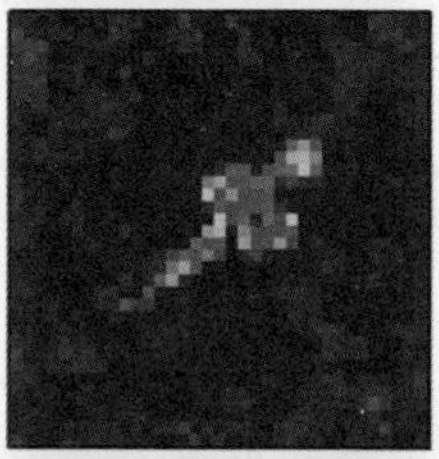	多个子平台连接形成的大型复合平台
		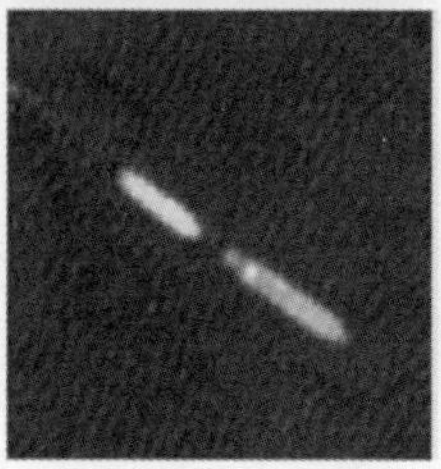	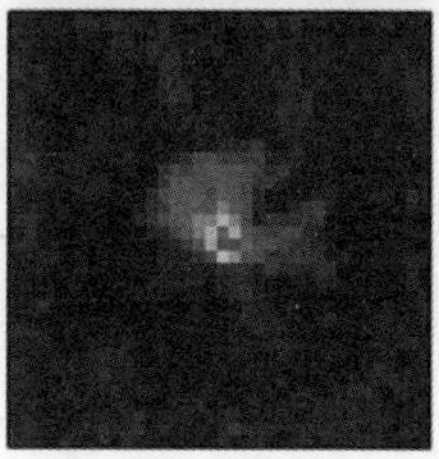	大型浮式生产储油装置（FPSO）

注：表中第一列照片来自 Google Earth 图片库。

1）平台大小识别误差

中分模拟平台大小误差（中分平台模拟大小与高分平台解译大小之差）随平台大小的分布趋势如图 4-15（a）所示。误差随着平台的增大呈现发散趋势——负向误差表现为较为明显的线性增大趋势，正向误差则表现为阶段性的陡升异常值。误差主体随着平台的增大由正向向负向转变——小型平台包含 192 个（62.5%）正向误差和 115 个（37.5%）负向误差，而大型平台的正向误差和负向误差的数量变为 24 个（35.9%）、43 个（64.1%）；同时，拟合直线的特征参数（截距 215>0，斜率–0.147<0）也很好地印证这一点。

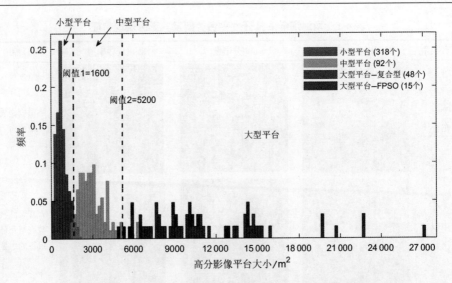

图 4-14　海洋油气开发平台类型随平台大小分布直方图

　　考虑到相同的误差对大小迥异的平台具有截然不同的意义，本书进一步分析中分模拟平台大小的绝对误差比率（|中分模拟平台大小误差|/高分平台解译大小）随平台大小的分布趋势[图 4-15（b）]。绝对误差比率的高值区主要分布在小型和大型平台——小型平台包含 30 个大于 1（大小模拟误差超过 100%）的绝对误差比率，且平台越小绝对误差比率越高；大型平台包含 2 个大于 1 的绝对误差比率，零星分布在平台大小为 8000~12 000 m^2 的区间。总体上，绝对误差比率集中分布在小于 0.4 的范围内，绝对误差比率的均值为 0.389。考虑到部分异常高值的存在，绝对误差比率的中值更具有代表性，其值为 0.299。这意味着中分时间序列平台大小模拟的总体误差在 30% 以内。

　　研究还分析了中分平台模拟大小的绝对误差比率与对应平台的有效观测序列长度的关系[图 4-15（c）]。有效观测序列长度聚集于 30~150，均值为 99。随着有效观测序列的增加，绝对误差比率均值和绝对误差比率高值的数量都表现出明显的下降趋势——绝对误差比率均值随着有效观测序列从 3 增至 335 时降低了近 2/3（通过拟合直线计算）；以有效观测序列 100 为界，绝对误差比率大于 1 的比例由 28/282（<100）骤降到 5/191（≥100）。

　　中分时间序列平台大小模拟的误差和不确定性主要来源如下：

　　（1）中分影像对海洋油气开发平台检测的能力。首先，中等空间分辨率较低导致小型平台模拟面积偏大。在高分平台解译中，面积最小平台仅为 64 m^2（ZY-3 多光谱影像一个像元）。若该平台在中分上被检测到，面积最小将为 900 m^2（TM、OLI 一个像元），即使经过函数修正后，其面积也将超过 152 m^2，比实际面积扩

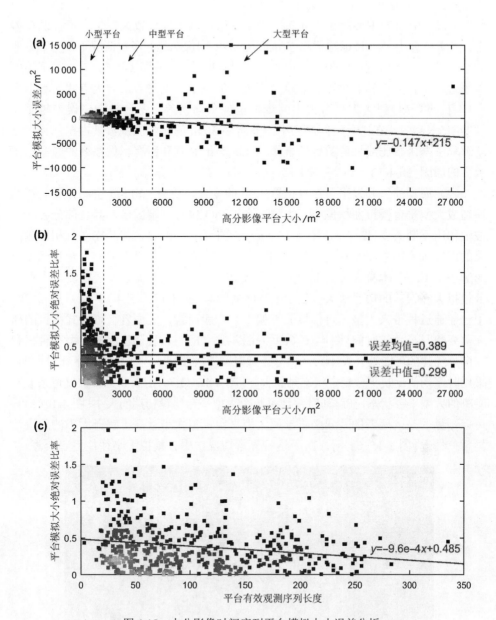

图 4-15　中分影像时间序列平台模拟大小误差分析

（a）中分平台模拟大小的误差（中分平台模拟大小–高分平台解译大小）随平台大小的分布趋势；（b）中分平台模拟大小的绝对误差比率（|中分平台模拟大小的误差|/高分平台解译大小）随平台大小的分布趋势；（c）中分平台模拟大小的绝对误差比率与有效观测序列长度的关系（散点图的颜色代表点分布密度：浅色代表高密度分布区域，深色代表低密度分布区域）

大了 1.38 倍。这是小型平台易出现正向误差［图 4-15（a）］和绝对误差比率高值
［图 4-15（b）］的主要原因。其次，光学影像检测机理导致大型平台模拟面积偏
小。光学影像上平台目标与背景差异不及 SAR 影像明显，多数情况下，光学影像
的平台检测主要通过检测平台着火点进行［图 3-9（a）～图 3-9（c）］。对于小中
型平台，平台大小和着火点大小差异不大，但对于大型平台，着火点明显小于平
台本身。这易导致大型平台大小的模拟出现负向误差，平台越大，误差越明显
［图 4-15（a）］。在中分时间序列中，分辨率 30 m 的光学影像数量占据优势，这
就解释了幂函数比线性函数更适合作为 Landsat 系列和所有影像序列的经验修正
函数的原因［图 4-13（a）～图 4-13（c）、图 4-13（f）］。

（2）海洋油气开发平台自身位置/尺寸的变化。首先，FPSO 空间位置的摆动
性造成大型平台模拟面积偏小。大型平台 FPSO 仅有一端固定，其余部分会随着
波浪作用不断改变［图 4-6，图 4-16（a）～图 4-16（c）］，使其在多时相检测结
果的出现频率图中仅表现出中心高频亮斑。由中心高频亮斑形成的平台目标多边
形远小于 FPSO 本身，因而造成大型平台 FPSO 面积模拟偏小。经观测，大型平
台模拟大小误差的边界值大多出于 FPSO 的影响［图 4-13，图 4-15（a）］。其次，
平台建造过程带来大型平台模拟面积偏大。一般而言，大型复合堆叠式平台的建
立需要数月至数年时间［图 4-16（e）～图 4-16（h）］，且已建成的大型平台仍存
在向外扩建的可能性（表 4-1）。中分影像时间序列贯穿大型平台的整个建设周期，
采用时序均值反映平台稳定状态时的大小［图 4-16（h）］；而高分影像仅记录某一
时刻的大型平台状态，在解译时统计了数个大型平台建设初期的大小［图 4-16(e)］。
可以预见的是，两者的差异必将导致大型平台模拟大小远高于解译大小的阶段性
异常值情况［图 4-15（a）］，对于这种异常情况，中分模拟大小往往更趋合理。

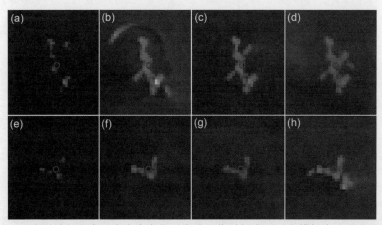

图 4-16　海洋油气开发平台自身变化对中分影像时间序列平台模拟大小造成的误差

（a）～（c）展现了多时相遥感影像 Landsat-7 ETM+ Band8 中的 FPSO 空间位置变化；（d）为 FPSO 对应的 ETM+
出现频率图；（e）～（h）展现了多时相遥感影像 Landsat-8 OLI Band6 中大型复合平台逐步建设过程

2）平台类型识别误差

根据中分时间序列模拟的平台大小划分的平台类型识别精度评价如表 4-2 所示。小型平台的类型识别精度很高，生产者精度和使用者精度都在 0.9 以上（分别为 0.955 和 0.940）。可见，小型平台模拟大小的少量绝对误差比率高值存在于面积很小的平台[图 4-15（b）]，该类误差对其平台类型归属的判定影响不大。大型平台的类型识别效果也较好，生产者精度和使用者精度分别为 0.912 和 0.825，且小型平台和大型平台之间不存在混淆。与此相比，中型平台与小型、大型平台均有面积分布的交错区（图 4-2），加之中型平台模拟大小的误差，使得中型平台的类型识别精度一般，使用者精度为 0.793，生产者精度仅为 0.709。考虑到高分平台解译大小划分平台类型时，本身也存在一定的误差：总体精度为 0.956，Kappa 系数为 0.912（表 4-3）；基于中分模拟平台大小划分的平台类型总体精度为 0.896，Kappa 系数为 0.791，识别精度较好。值得注意的是，由于 FPSO 属于大型平台的一种，基于大型平台的识别结果，通过目视解译 FPSO 出现频率上显著的纹理特征[图 4-16（d）]可以将其与大型复合平台准确区分，故本书不利用混淆矩阵将 FPSO 识别精度进行单独评价。

表 4-2　基于中分平台模拟大小的类型识别精度评价

	小型平台	中型平台	大型平台	使用者精度
小型平台	299	19	0	0.940
中型平台	14	73	5	0.793
大型平台	0	11	52	0.825
生产者精度	0.955	0.709	0.912	
总体精度=0.896，Kappa 系数=0.791				

表 4-3　基于高分平台解译大小的类型识别精度评价

	小型平台	中型平台	大型平台	使用者精度
小型平台	305	13	0	0.959
中型平台	2	85	5	0.924
大型平台	0	1	62	0.984
生产者精度	0.993	0.859	0.925	
总体精度=0.956，Kappa 系数=0.912				

4.2.3　南海各类海洋油气开发平台分布

研究结合中分时间序列和经验修正函数模拟了南海 1992～2016 年的 1108 个（去除待定平台 35 个）海洋油气开发平台的大小，进而划分了平台类型，结果如附表 1 和图 4-17 所示。总体而言，南海以小型平台为主，小型平台 706 个，中型平台 229 个，大型平台 173 个（其中，复合式平台 114 个，FPSO 59 个）。小型平台主要分布在泰国湾和东马来西亚沿岸[图 4-17（d）和图 4-17（e）]，分别归属于泰国、马来西亚和文莱：三个国家建造的小型平台数量分别 305 个、172 个和 101 个，总数超过南海小型平台数量的 80%。越南和我国在南海的海洋油气开发平台以中型平台为主[图 4-17（c）和图 4-17（b）]，分别为 37 个和 33 个，中型平台占两国平台总量的比例为 42.0% 和 41.8%。大型复合式平台和 FPSO 在南海分布较为随机，不具有明显的国家聚集性和空间聚集性[图 4-17（b）～图 4-17（e）]。除了马来西亚和文莱沿岸的海洋油气开发平台分布表现出随着离岸距离的增大而逐步由小型向中型再向大型平台过渡的趋势[图 4-17（e）]外，其余海域的各类平台呈现交错随机分布，并不具有明显的分布规律。

考虑到南海各国疆界复杂重叠，将南海海域分为南海周边各国以及南海争议区，分别分析 1992～2016 年海洋油气开发平台均值大小和类型比例变化。

1）南海周边各国平台均值大小和类型比例变化

南海整体的海洋油气开发平台均值从 1992 年的 6852 m^2 到 2016 年的 2930 m^2，锐减 57.2%[图 4-18（a）]。平台均值大小的不断降低与小型平台所占比例的不断攀升关系密切。1992～2016 年，小型平台所占比例从 1992 年的 37.2% 上升到 2016 年的 63.5%；1992～2002 年平台大小锐减期间，小型平台所占比例激增；同时，南海大型平台所占比例迅速缩小（从 37.9% 降到 16.3%），中型平台所占比例变化不大（从 24.8% 降到 20.2%）。

除菲律宾外，1992～2016 年南海周边的各国均表现出与南海整体一致的平台小型化的趋势[图 4-18（b）～图 4-18（h）]，平台均值大小缩减 40%～70%。泰国的平台大小减幅最大（69.6%），均值从 1992 年的 5621 m^2 减小到 2016 年的 1706 m^2，目前小型平台的比例超过 80%，是平台均值大小最小的国家[图 4-18（b）]。马来西亚和文莱与泰国情况相似，小型平台在两国占有绝对优势（所占比例为 50.6% 和 70.2%），小型平台的快速增长使得两国平台大小均值减幅达到 52.5% 和 47.2%[图 4-18（c）、图 4-18（d）]。与此相比，尽管越南的平台大小减幅排第二（55.3%），均值从 1992 年的 13 296 m^2 减小到 2016 年的 5938 m^2，但平台均值的缩减主要来源于大型平台比例下降与中型平台比例的逐步上升[图 4-18（e）]。目前，中大型平台在越南占据优势（两者比例之和超过 80%），使越南成为平台均

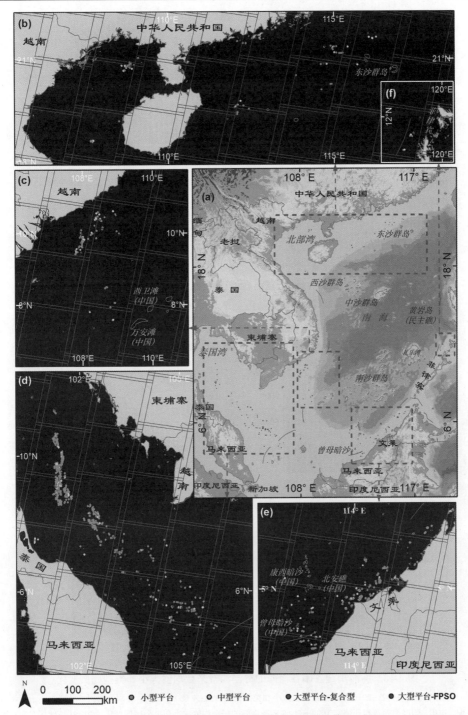

图4-17　南海海洋油气开发平台类型分布

（a）南海整体海洋油气开发平台类型分布；（b）～（f）南海各个重点海域海洋油气开发平台类型分布

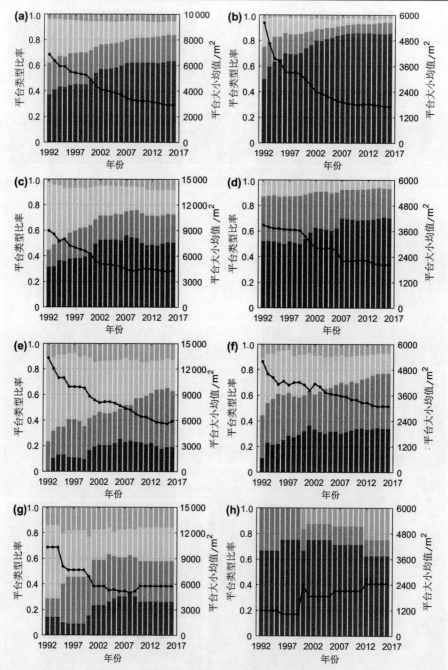

图 4-18　南海周边各国在南海的海洋油气平台均值大小和类型比例变化

（a）为南海整体 1992～2016 年的平台均值大小和类型比例分布；（b）～（h）分别为泰国、马来西亚、文莱、越南、中国、印度尼西亚和菲律宾 1992～2016 年在南海的平台均值大小和类型比例变化（百分比柱状图对应左纵轴刻度，从下至上不同色带分别代表小型、中型、大型复合式以及 FPSO 平台；折线图对应右纵轴刻度）

值最大的国家。我国和印度尼西亚与越南情况相似，平台均值的缩减大多来自中型平台比例的上升，两国平台均值缩减的比例分别为最小的 40.3%和第二小的 44.0%[图 4-18（f）、图 4-18（g）]。目前，我国平台类型以中型平台居多（42.8%），平台均值大小为 3092 m^2；印度尼西亚平台类型以大型平台居多（42.1%），平台均值大小为 5768 m^2。菲律宾是唯一的平台均值增加国家，平台均值从 1992 年的 1193 m^2 增加至 2016 年的 2445 m^2，增幅达 104.9%[图 4-18（h）]。这主要因为菲律宾在南海的海洋油气开发平台数量很少（2016 年仅 8 个），在 2000 年和 2012 年新建的大型平台 FPSO 使得平台大小均值快速上升。

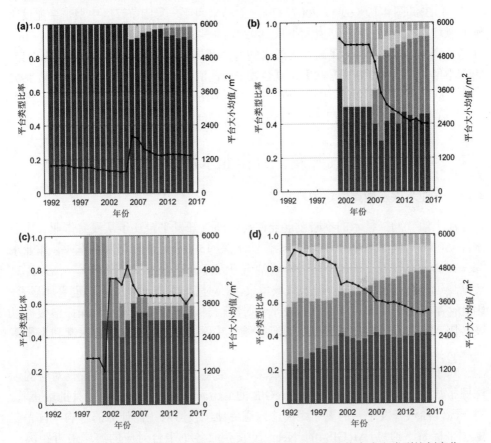

图 4-19　南海争议区及我国九段线内的海洋油气开发平台均值大小和类型比例变化

（a）～（c）为柬埔寨—泰国—越南争议区、马来西亚—泰国争议区和马来西亚—越南争议区 1992～2016 年的油气平台平均大小和类型比例变化；（d）为我国九段线内油气平台平均大小和类型比例变化（百分比柱状图对应左纵轴刻度，从下到上不同颜色依次代表小型、中型、大型复合式以及 FPSO 平台；折线图对应右纵轴刻度）

２）南海争议区油气平台平均大小和类型比例变化

由于南海争议区的海洋油气开发平台数量相对较少，其平台大小均值表现为短时期骤变和长时期稳定的趋势。柬埔寨—泰国—越南争议区和马来西亚—越南争议区 1992～2016 年海洋油气开发平台大小均有所增长，增长主要来源于 2005 年和 2001 年建立的大型平台。不同的是，柬埔寨—泰国—越南争议区平台较多且小型平台占主导地位（所占比例 90.6%），平台大小均值仅增长 33.2%［图 4-19（a）］；而马来西亚—越南争议区平台较少且小型和中大型平台各占一半，平台大小均值增长 133.3%［图 4-19（c）］。2007～2008 年马来西亚—泰国争议区中型平台建设比例的激增，导致油气平台均值大小从 1992 年的 5428 m^2 下降到 2016 年的 2414 m^2，降幅达到 55.5%。此外，我国九段线内的海洋油气开发平台经历着小型化的趋势，随着小型平台比例不断提升和大型复合式平台比例持续下降，平台大小均值从 1992 年的 5090 m^2 下降到 2016 年的 3298 m^2。至 2016 年，我国九段线内的小型平台 71 个，中型平台 62 个，大型平台 37 个（复合式平台 25 个，FPSO 12 个）。

4.3 海洋油气开发平台作业水深及离岸距离测算

4.3.1 作业水深及离岸距离测算方式

海上油气勘探技术的不断发展促使海洋油气开发平台逐步从浅海作业（作业水深<500 m）向深海作业（500 m≤作业水深<1500 m）甚至超深海作业（作业水深≥1500 m）发展。同时，随着海洋油气开发平台作业水深逐渐增大，离岸距离逐渐变远，越来越多的平台进入海域争议区，对海洋生态环境的影响也更加显著。因此，本书基于南海海洋油气开发平台时空信息，结合海底地形水深栅格数据以及各国宣称疆界矢量数据，分析南海整体及其周边各国的平台作业水深和离岸距离现状与变化趋势。

对于海洋油气开发平台的作业水深，本书将其定义为平台空间位置对应的水深栅格数值［图 4-20（a）］，利用 ArcGIS 的 Extract Values to Points 工具批量获取。对于海洋油气开发平台的离岸距离，为避免地图投影对距离计算的影响，首先在地理坐标系下通过 ArcGIS 的 Near 工具获取各个平台对应的海岸最近距离点［图 4-20（b）］，然后利用球面距离公式［式（4.3）］逐一求解各个海洋油气开发平台及其对应点的球面距离作为离岸距离，见附表 1。

$$\text{Dist} = R \times \arccos\left[\sin(\text{lat}_1) \times \sin(\text{lat}_2) + \cos(\text{lat}_2) \times \cos(\text{lat}_2) \times \cos(\text{lon}_1 - \text{lon}_2)\right] \quad (4.3)$$

式中，Dist 为海洋油气开发平台的离岸距离；R 为地球半径（取 6400×10^3 m）；

（lat_1，lon_1）为平台在地理坐标系下的纬度和经度；（lat_2，lon_2）为平台对应海岸最近距离点在地理坐标系下的纬度和经度。

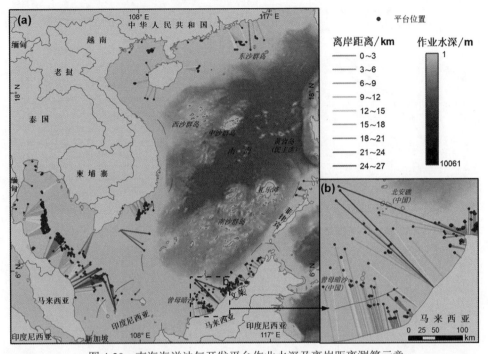

图 4-20　南海海洋油气开发平台作业水深及离岸距离测算示意

（a）南海海底地形水深分布；（b）马来西亚沿岸海洋油气开发平台离岸距离计算示例

4.3.2　南海海洋油气开发平台作业水深与离岸距离趋势分析

1992～2016 年南海整体海洋油气开发平台的平均作业水深变化如图 4-21（a）所示。总体而言，平台的开发呈现明显的由浅入深趋势，最大作业水深从 1992 年的 122 m 激增至 2016 年的 1471 m，作业水深均值也从 42.6 m 增长到 59.1 m。南海整体海洋油气开发平台的作业水深变化可分为两个阶段：1992～2007 年为持续增长时期，作业水深均值由 42.6 m 逐步增长到 60.4 m，平均每年增长 1.18 m；2007 年以后为稳定回落时期，作业水深均值略微下降了 1.3 m。1992～2016 年南海整体海洋油气开发平台的平均离岸距离变化如图 4-21（b）所示。总体来看，平台的建立表现出明显的由近及远的特点，离岸距离均值从 1992 年的 71.9 km 上升到 2016 年的 101.5 km。南海整体海洋油气开发平台的离岸距离变化也可分为两个阶段：1992～1998 年为快速增长时期，离岸距离由 71.9 km 迅速增长至 96.1 km，平均每年增长 4.03 km；1998 年以后为缓慢增长时期，18 年间离岸距离在波动中上涨了 5.4 km。此外，近 25 年来海洋油气开发平台的平均作业水深与平均离岸距离呈现出显著的线性相关关系（R^2=0.86）[图4-21（c）]。

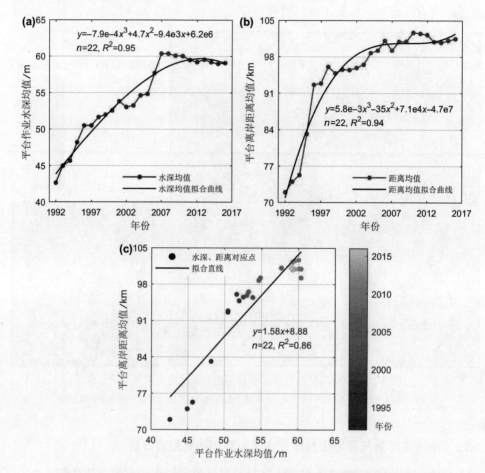

图4-21　1992～2016年南海海洋油气开发平台作业水深和离岸距离变化趋势

（a）1992～2016年南海海洋油气开发平台平均作业水深变化；（b）1992～2016年南海海洋油气开发平台平均离岸距离变化；（c）南海海域平均作业水深与平均离岸距离关系

　　本书进一步分析了 2016 年南海周边各国及其争议区现存的海洋油气开发平台的作业水深的分布特征（图4-22和图4-23）。南海平台整体的作业水深分布呈较为明显的正态分布[图4-22（a）]：一方面，南海平台作业水深的均值和中值相似，在 60 m 左右。这主要来源于泰国平台作业水深分布的特点，其作业水深集中于 100 m 内且以 65 m 为中心呈显著的高斯分布[标准差仅 9 m，图4-22（d）]。另一方面，南海平台作业水深的分布离散，标准差为 35 m，最大深度为 1469 m。对其分布影响显著的几个作业水深超过 500 m 的平台大部分来自于马来西亚，是南海周边国家中主要的深海作业平台国家，最大作业水深毗邻超深海水平[图4-22（e）]。尽管

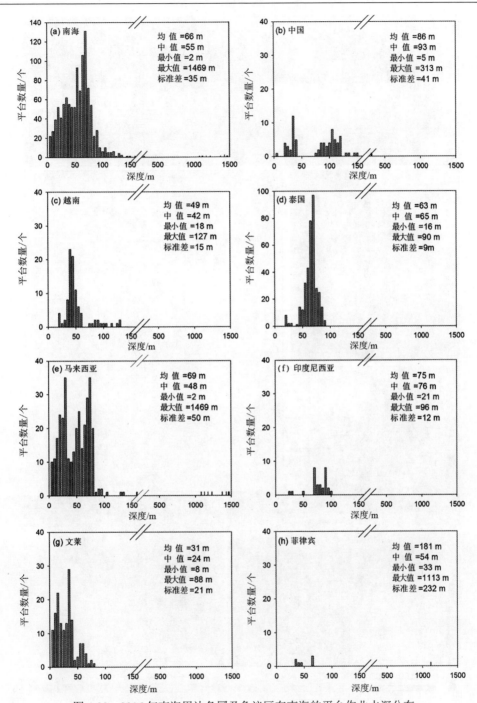

图 4-22 2016 年南海周边各国及争议区在南海的平台作业水深分布

（a）为 2016 年南海平台作业水深分布；（b）～（h）分别为中国、越南、泰国、马来西亚、印度尼西亚、文莱
和菲律宾 2016 年在南海的平台作业水深分布

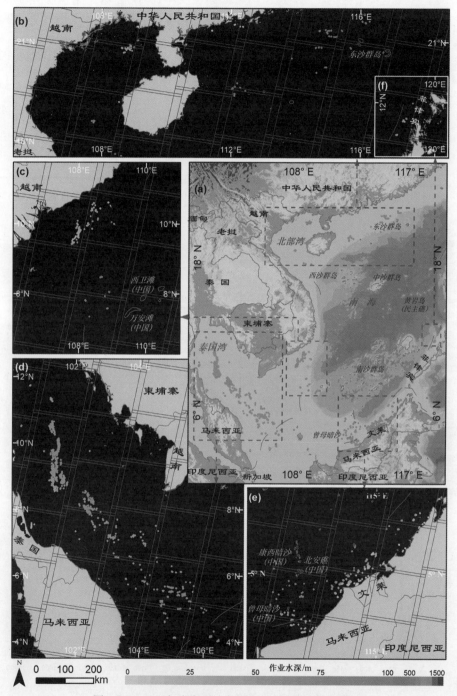

图 4-23　2016 年南海周边各国海上平台作业水深分布

（a）南海整体海洋油气开发平台作业水深分布；（b）～（f）南海各个重点海域海洋油气开发平台作业水深分布

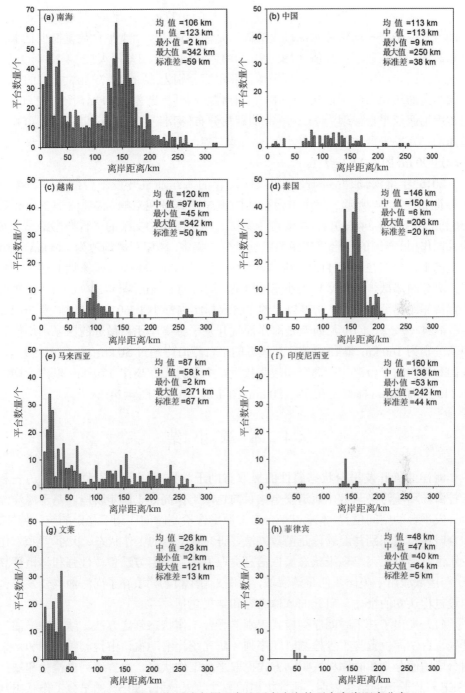

图 4-24　2016 年南海周边各国及争议区在南海的平台离岸距离分布

（a）为 2016 年南海海域油气平台离岸距离分布；（b）～（h）分别为中国、越南、泰国、马来西亚、印度尼西亚、文莱和菲律宾 2016 年在南海海域油气平台离岸距离分布

如此，马来西亚 95%以上的平台仍分布在<100 m 的水域，平均深度为 69 m。海洋油气开发平台平均作业水深最大的国家是菲律宾，但由于平台数量很少且水深分布离散，其作业水深均值（181 m）和中值（54 m）相差很大[图 4-22（h）]。其次是我国和印度尼西亚，平台平均作业水深分别为 86 m 和 75 m。不同的是，我国平台的作业水深呈现从 5～313 m 的离散分布[标准差为 41 m，图 4-22（b）]，而印度尼西亚平台呈现为 21～96 m 的聚集分布[标准差为 12 m，图 4-22（f）]。海洋油气开发平台作业水深最小的国家是文莱，作业水深均值仅为 31 m，最大值不超过 90 m[图 4-22（g）]。

2016 年南海周边各国及其争议区现存的海洋油气开发平台的离岸距离分布特征如图 4-24 所示。南海平台整体的离岸距离呈现双峰分布[位于 30 km 和 150 km 处，图 4-24（a）]，主要源于泰国、马来西亚和文莱的平台离岸距离分布的共同作用。泰国的平台离岸距离较远且分布集中，离岸距离均值为 146 km，90%以上的平台分布在离岸 110～200 km 的位置[图 4-24（d）]。马来西亚的平台离岸距离分布离散，但半数以上小于 70 km，均值为 87 km[图 4-24（e）]；文莱的平台离岸距离分布集中，95%以上的平台离岸距离都小于 60 km，均值为 26 km[图 4-24（g）]。印度尼西亚是海洋油气开发平台离岸距离最远的国家，均值和中值分别为 160 km 和 138 km，且最近的平台距海岸超过 50 km[图 4-24（f）]。我国和越南的平台离岸距离分布较为接近，主要分布在离岸 170 km 以内，均值在 113～120 km，标准差在 38～50 km[图 4-24（b）和图 4-24（c）]。

4.4　本 章 小 结

海洋油气开发平台状态属性的提取有助于掌握海域油气资源开发的历史和管控海洋环境污染与近岸航道安全，目前这项工作尚处于起步阶段。基于海洋油气开发平台的空间位置，本章以平台在多源影像检测时间序列下稳定的统计特征，结合时序模式识别与经验修正函数方法，研究了平台的工作状态、大小/类型、作业水深、离岸距离等多维状态属性信息提取方法。整套方法鲁棒性强和移植性高（已跨区域应用于美国墨西哥湾海域，附图8~附图14），填补了南海油气开发平台建设过程认知的空白。研究的具体内容和结果包括：

（1）提出了基于时间序列模式识别的平台工作状态判定方法。结合海洋油气开发平台空间位置与平台检测时间序列，研究统计滑动窗口中检测频次总和，采用分段阈值分割和时序模式识别方式提取平台工作状态。有效序列自检验和域外 BSEE 对比验证的结果表明，研究提出的方法效果较好，80.5%的平台工作状态判定误差小于 1 年，87.5%的平台工作状态判定误差小于 2 年。

（2）提出了基于中分时间序列统计特征的平台大小/类型识别方法。综合海洋油气开发平台空间位置与平台检测时间序列，研究建立中分平台均值大小与高分平台解译大小的经验修正函数，进而模拟油气平台大小；基于平台大小和纹理特征，研究采用多重阈值分割进一步确定平台类型。平台大小模拟的相对误差在 30% 以内，平台类型划分的总体精度为 0.896，Kappa 系数为 0.791。

（3）发掘了南海油气生产的开发快速化、平台小型化、作业深海化和矛盾加剧化趋势。南海周边各国在南海的平台总数线性增长趋势明显，从 1992 年的 153 个到 2016 年的 907 个，平均每年增加 33 个；随着小型平台所占比例从 1992 年的 37.2% 攀升至 2016 年的 63.5%，平台均值大小由 6852 m^2 锐减至 2930 m^2；最大作业水深从 1992 年的 122 m 激增至 2016 年的 1471 m。此外，南海争议区的平台数量呈现加速增长的趋势，年均增长速度由 2005 年前的 1.1 个增至 2005 年后的 7.2 个，总数从 1992 年的 1 个激增至 2016 年的 89 个。

第5章 海洋石油产量估算探索性研究

海上石油产量的获取对厘清南海周边各国石油开发历史与趋势，对我国的南海权益维护都具有重要意义。目前，石油统计数据主要来源于国际性的大型石油开发公司。最具代表性的是 BP 和 EIA 能源开发年鉴，记录了每年全球绝大部分国家的石油开采总量、消费量等信息，但以国家为尺度的统计数据难以空间细化，很难反映海域油气生产的时空变化。因此，本书希望借助遥感手段，以海上油气开发平台空间位置为靶区，以夜间灯光亮度量化油气开发强度，建模估算海洋石油开采量，克服统计数据的区域局限性问题。

考虑到南海油气生产数据极为匮乏，本章先以欧洲北海的油气生产数据构建海上石油产量估算模型，再以全球尺度的夜间灯光 DMSP/OLS 定标数据为纽带，尝试将该模型应用于分析南海海洋石油产量变化，并探讨模型移植的可能性与不确定性。综上所述，本章的主要内容分为以下三部分：多时相夜间灯光数据相对定标、海洋油气平台生产任务分类、石油产量估算模型构建与评价（图 5-1）。

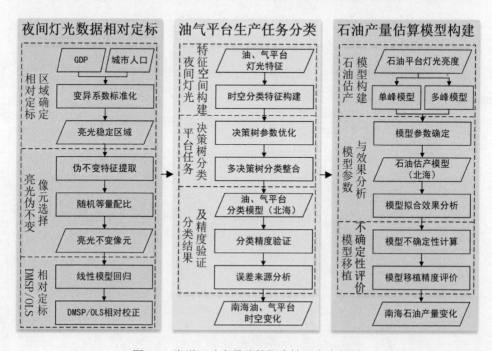

图 5-1 海洋石油产量估算探索性研究流程图

5.1 多时相夜间灯光数据相对定标

来源于不同传感器过境时间的差异以及同一传感器过境时间随运行时间的积累而造成的差异共同决定了多时相夜间灯光 DMSP/OLS 数据的定标是进行长时期灯光数据建模的必要前提。然而，由于各个传感器均没有星上定标参数，多时相夜间灯光 DMSP/OLS 数据相对定标过程通常基于以亮光稳定区域作为定标区域建立经验关系拟合完成。

目前，定标区域的选取主要包括意大利的西西里岛，中国的鸡西市等（Elvidge et al., 2009; Liu et al., 2012）。但上述区域在全球范围内的空间分布极为局限，单一小区域的相对定标结果作为区域性分析的基础尚可，难以作为全球尺度下变化分析的有效参照。通过单一时相的夜间灯光 DMSP/OLS 数据，许多学者验证了不同国家和地区的灯光亮度值与 GDP 以及城市发展之间的显著正相关关系（Hsu et al., 2015; Pandey et al., 2017），这意味着，当一个地区多年的 GDP 以及城市发展变化越小时，该地区就越有希望成为亮光稳定的定标区域。本节基于上述理念在全球空间范围内较为均衡地选取若干多年 GDP 和城市发展变化较小的区域进行全球尺度的夜间灯光 DMSP/OLS 数据相对定标。

5.1.1 相对定标区域确定

作为夜间灯光数据变化的参照，GDP 以及城市发展变化的衡量指标主要选取来源于世界银行（World Bank）数据库所提供的全球各个国家和地区每年的 GDP 和城市人口（urban population）数据。基于各个国家和地区在 1992~2013 年（对应夜间灯光 DMSP/OLS 数据获取时间）每年的 GDP 和城市人口数据，本书采用变异系数（coefficient of variation, CV）定量化表达 1992~2013 年 GDP 和城市发展变化状况。选用变异系数作为离散程度大小的度量主要是考虑到上述两组数据（GDP 和城市人口）的测量尺度相差较大并且数据的量纲也不相同，不合适直接使用常规的极差或标准差进行比较。而变异系数是原始数据标准差与数据平均值之间的比值，无量纲，消除了测量尺度和量纲的影响。

在计算各个国家的 GDP 和城市人口的变异系数的基础上，为了综合衡量这两个指标共同作用下的结果，研究构建了亮光不变指数（Invar_index）将标准化后的两个指标的变异系数进行等权重的融合，计算过程如式（5.1）~式（5.5）所示。具体来说，x_{ij} 代表第 i 个国家第 j 年的数据，N 代表总年数，μ_i 和 σ_i 为第 i 个国家的均值[式（5.1）]和标准差[式（5.2）]，cv_i 是第 i 个国家的变异系数，它是该国家标准差与均值的比值[式（5.3）]。对于变异系数的标准化，本书采用了最大值–最小值的标准化方法，使得标准化的变异系数 Norm_cv_i 位于区间 0~

1[式（5.4）]。最后，第 i 个国家的亮光不变指数（Invar_index$_i$）是该国家 GDP 标准化变异系数[Norm_cv$_i$(GDP)]和城市人口标准化变异系数[Norm_cv$_i$(URPOP)]的均值[式（5.5）]。

$$\mu_i = \frac{1}{N}\sum_{j=1}^{N} x_{ij} \tag{5.1}$$

$$\sigma_i = \sqrt{\frac{1}{N}\sum_{j=1}^{N}(x_{ij}-\mu_i)^2} \tag{5.2}$$

$$cv_i = \frac{\sigma_i}{\mu_i} \tag{5.3}$$

$$Norm\_cv_i = \frac{cv_i - \min(cv_i)}{\max(cv_i) - \min(cv_i)} \tag{5.4}$$

$$Invar\_index_i = \frac{Norm\_cv_i(GDP) + Norm\_cv_i(URPOP)}{2} \tag{5.5}$$

1992～2013 年全球各国及地区的亮光不变指数的计算结果及排名见表 5-1。日本排名第一，它拥有最低的 GDP 标准化变异系数（0）和较低的城市人口标准化变异系数（0.115）。与日本相对，德国拥有稍高的 GDP 标准化变异系数（0.114）和极低的城市人口标准化变异系数（0.006），因而排名第二。这两个国家都被选出作为定标区域。其余定标区域的选择主要考虑以下几个原则：①低指数优先，在其他条件相同的情况下，优先选择亮光不变指数更低的国家；②全球覆盖，挑选数个国家（区域），在空间上使其尽量覆盖全球；③避免重复，尽量规避两个以上的国家或地区来自于同一大洲；④面积适宜，考虑到夜间灯光 DMSP/OLS 数据的空间分辨率约为 900 m，面积过小的国家和地区难以提供足够的能代表洲际区域的亮度不变像元，而面积过大的国家和地区又会为后续全球范围的相对定标像元配比造成困难。最终，选取了日本（排名第一，代表亚洲、大洋洲）、德国、意大利（排名第二、第六，代表欧洲、非洲）以及波多黎各（排名第十一，代表南、北美洲）4 个国家作为全球夜间灯光 DMSP/OLS 数据相对定标的不变区域。

表 5-1　全球各个国家及地区的亮光不变指数及其排名

国家和地区	Norm_cv(GDP)	Norm_cv(URPOP)	Invar_index	排名
日本	0.000	0.115	0.058	1
德国	0.114	0.006	0.060	2
密克罗尼亚	0.035	0.088	0.062	3
马绍尔群岛	0.089	0.064	0.077	4
巴巴多斯	0.148	0.016	0.082	5

续表

国家和地区	Norm_cv(GDP)	Norm_cv(URPOP)	Invar_index	排名
意大利	0.162	0.039	0.100	6
中国香港	0.115	0.090	0.103	7
阿鲁巴岛	0.109	0.111	0.110	8
多米尼加岛	0.185	0.038	0.111	9
奥地利	0.192	0.032	0.112	10
波多黎各	0.204	0.033	0.119	11
丹麦	0.194	0.049	0.121	12
斯洛文尼亚	0.248	0.003	0.126	13
比利时	0.199	0.055	0.127	14
法国	0.176	0.088	0.132	15
瑞典	0.212	0.053	0.133	16
格陵兰	0.233	0.037	0.135	17
英国	0.197	0.078	0.138	18
圣文森特和格林纳丁斯	0.197	0.085	0.141	19
芬兰	0.233	0.051	0.142	20

注：有底色的这 4 个国家是作为全球夜间灯光 DMSP/OLS 数据相对定标的不变区域，有一定的代表意义。其中，日本代表亚洲、大洋洲，德国、意大利代表欧洲、非洲以及波多黎各代表南、北美洲。

5.1.2　亮光伪不变像元选择

基于全球分布的定标区域，本小节利用伪不变特征进一步选取落入其中的亮光不变像元，以洲为单位对这些亮光不变像元进行随机等量配比，用于多时相夜间灯光 DMSP/OLS 数据的相对定标以及不确定性分析。

在亮光不变像元的挑选方面，主要参考 Wei 等（2014）提出的夜间灯光数据的伪不变特征。在夜间灯光 DMSP/OLS 数据上，认为分布于年际变化很小的高度发达且稳定的城市区域的长时期稳定不变的夜间灯光为伪不变特征点。作为亮度不变区域的 4 个国家都具有较低的城市发展变化，故对亮光不变像元的筛选具体利用如下方式进行（图 5-2）：①饱和像元剔除，任一时相的夜间灯光 DMSP/OLS 数据中 DN 值大于 62 的像元将被视为饱和像元而剔除；②背景像元剔除，所有时相的夜间灯光 DMSP/OLS 数据中 DN 值始终为 0 的像元将被视为背景像元而剔除。将饱和以及背景像元剔除的机制也是出于规避两者对相对定标中的经验拟合方程带来的偏差的考虑：以经验线性拟合为例，过多的引入饱和及背景像元将会使拟合方程接近 1：1 直线（$y=x$），从而导致校正结果失真。

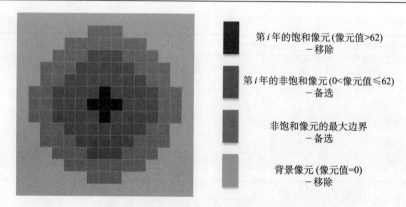

第 i 年的饱和像元(像元值>62)
－移除

第 i 年的非饱和像元(0<像元值≤62)
－备选

非饱和像元的最大边界
－备选

背景像元(像元值=0)
－移除

图 5-2　基于夜间灯光数据伪不变特征的亮光不变像元选取示意图

经过伪不变特征提取的亮光不变像元总计 1 675 916 个。然而，不同国家的行政区划大小导致了代表不同洲际的亮光不变像元数目迥异：代表南、北美洲的波多黎各仅有 11 033 个（0.66%）像元，代表亚洲、大洋洲的日本包含 547 604 个（32.7%）像元，而代表欧洲、非洲的德国和意大利像元数目高达 1 117 279 个（66.7%）。若将全部的亮光不变像元直接纳入多时相 DMSP/OLS 的相对定标中，其校正结果将毫无疑问地偏向于亚洲和欧洲，而非全球尺度下的定标。因此，采用等量配比的方法，将代表南、北美洲，代表亚洲、大洋洲和代表欧洲、非洲的亮光不变像元进行 1∶1∶1 随机抽样，并用三者的集合构建全球尺度下多时相夜间灯光 DMSP/OLS 数据相对定标的经验拟合方程。为了充分考虑随机抽样的不确定性对拟合方程的影响，采用重复多次有放回的抽样方式并且每次抽样只选取每个区域总体样本的小部分子集。具体来说，每次随机选取波多黎各灯光亮度不变像元数目的 1/10（1100 个），同时随机选取来自于日本和来自于德国和意大利的各 1100 个（0.2%，0.1%）亮光不变像元与之匹配，总计 3300 个样本构建相对定标的经验拟合方程。这种小样本随机抽样过程重复 10 次以充分验证拟合方程参数以及相关关系在样本波动变化下的稳定性（图 5-3）。

5.1.3　相对定标模型构建

对于经验拟合方程，选取截距为 0 的线性回归方程（$DN_{adjusted}=a \times DN$），以 1995 年的夜间灯光 DMSP/OLS 数据为参照，拟合多时相夜间灯光 DMSP/OLS 数据关系。在重复实验过程中发现，不同时相夜间灯光 DMSP/OLS 间的关系较为适宜用线性关系来描述（图 5-4），高阶多项式或者指数、对数等拟合关系的纳入实质上并不能显著提升相关关系。而截距设置为 0 是考虑到在多时相夜间灯光 DMSP/OLS 的相对定标过程中只增减亮光区域的强度而不改变亮光区域（DN>0）与不亮区域（DN=0）的分布。夜间灯光数据有着明显的实际意义，亮光区域多

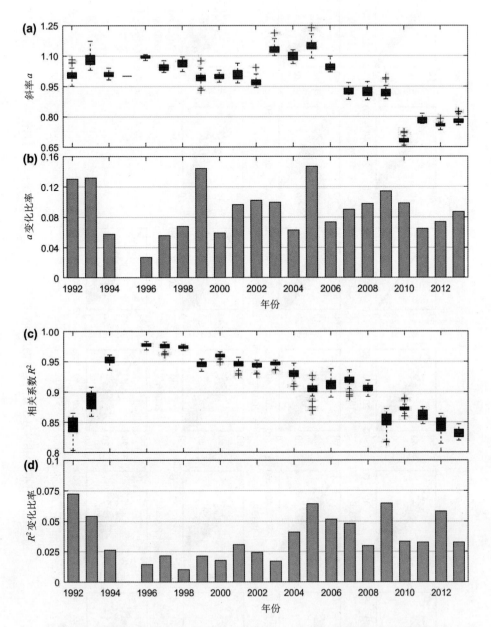

图 5-3　亮光不变像元重复抽样（10 次）拟合方程参数以及相关关系分布变化

（a）拟合方程斜率 a 的分布；（b）拟合方程斜率 a 的变化比率；（c）相关系数 R^2 的分布；（d）相关系数 R^2 的变化比率

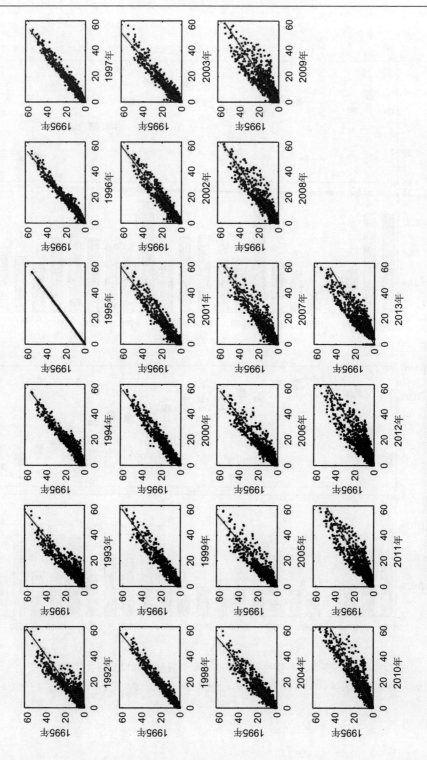

图 5-4　多时相 DMSP/OLS 截距为 0 的线性回归方程（$DN_{adjusted}=a \times DN$）相对定标

关联人类活动的城市区域,不亮区域则多涉及未被人类开发的自然区域。若追求更高的相关系数而引入截距会导致亮光区域与不亮区域界限模糊,当截距为负时,大范围负值区域的实际意义更是难以解释。因此,截距为 0 的拟合方程在最近研究中被广泛接受(Li et al., 2013; Wei et al., 2014; Zhang et al., 2016)。作为关系拟合的参照,选取任意一幅夜间灯光 DMSP/OLS 数据均可,选用 1995 年的数据主要考虑其灯光亮度值在各个时期的灯光亮度中的分布较为居中。

经过 10 次重复随机抽样,截距为 0 的线性拟合方程($DN_{adjusted}=a \times DN$)斜率 a 以及相关系数 R^2 的变化分布如图 5-3 所示。以 1995 年的夜间灯光 DMSP/OLS 数据为参照,各个时期的线性拟合斜率 a 位于 0.65~1.25。其中,1992~2009 年的斜率基本位于 0.8~1.25,而 2010~2013 年的斜率陡降至 0.7~0.8,可能由于 2010~2013 年仅有 F18 传感器在工作,且过境时间与前代传感器差异较大所致。同时,研究通过计算变化比率(变化范围与均值之比)来定量化参数的稳定性状况。斜率的变化比率最大值为 0.146,最小值为 0.027,平均值为 0.085,不超过斜率均值的 10%[图 5-3(b)]。与斜率相比,相关系数 R^2 的分布变化具有更加明显的规律。在重复实验中,各个时期线性拟合的相关系数均大于 0.8,且呈现以 1995 年为峰值向两端递减的变化趋势[图 5-3(c)]。与此对应,相关系数的变化比率呈现以 1995 年为谷值向两端递增的变化趋势[图 5-3(d)]。总体上,相关系数的变化比率位于 0.010~0.072,平均值仅为 0.034,不超过相关系数均值的 5%。

在重复随机抽样过程中,各个时期夜间灯光 DMSP/OLS 数据相关关系较高(>0.8),拟合方程的参数和相关系数的波动性较低(<0.1)共同证实了本书选择的亮度不变区域(日本、德国、意大利、波多黎各)灯光亮度变化较小并具有一定的稳定性。上述结果也说明,尽管难以确定各个区域亮光不变像元的最优选取组合,但是不同组合下的多时相夜间灯光 DMSP/OLS 数据相对定标结果都不会偏差太大。基于此,研究选取了 10 次重复随机抽样中平均相关系数最高($R^2=0.911$)的一组亮光不变像元,以此构建线性回归方程对 22 景夜间灯光 DMSP/OLS 数据进行相对定标。以 1995 年夜间灯光 DMSP/OLS 数据为参照的各个时期的线性方程拟合结果以及拟合参数如图 5-4 和表 5-2 所示。与 Elvidge 等(2009)的相对定标结果相比,一方面,意大利的西西里岛被证实的确是亮光不变像元的重要来源(小样本抽样中仍然有相当一部分亮光不变像元落入西西里岛);另一方面,虽然相关系数不及 Elvidge 等(2009)(表 5-2),但研究融入全球多个区域的亮光不变像元,在相关系数约 0.9 的水平上取得了全球尺度的多时相夜间灯光 DMSP/OLS 数据相对定标结果。石油与天然气开采平台分类与石油产量估算模型构建均建立在相对定标后的夜间灯光 DMSP/OLS 数据的基础上。

表 5-2　多时相 DMSP/OLS 截距为 0 的线性回归方程（$DN_{adjusted}=a \times DN$）相对定标参数斜率 a
　　　　与相关系数 R^2

年份	斜率（a）	相关系数（R^2）	年份	斜率（a）	相关系数（R^2）
1992	0.998	0.845	2003	1.175	0.941
1993	1.074	0.877	2004	1.138	0.916
1994	1.002	0.949	2005	1.116	0.886
1995	1.000	1.000	2006	1.037	0.904
1996	1.089	0.973	2007	0.926	0.905
1997	1.040	0.971	2008	0.938	0.904
1998	1.072	0.971	2009	0.911	0.830
1999	1.013	0.940	2010	0.724	0.886
2000	1.032	0.954	2011	0.798	0.858
2001	1.056	0.936	2012	0.769	0.828
2002	1.049	0.939	2013	0.782	0.831

5.2　海洋油气平台生产任务分类

　　海洋油气开发平台的生产任务包括原油的开采提纯和天然气的收集储存，而两者的工作方式存在较大差异。海洋石油开采的过程中伴随着大量溶解性天然气，以原油开采提纯为目的的生产，利用原油与溶解天然气燃点的不同多采用焚烧的方式排放天然气从而提纯原油。而以天然气收集储存为目的的生产，多将溶解的天然气利用海下油气管线或将其压缩成液态的形式储存后向内陆输送（Elvidge et al.，2009）。两种迥异的工作方式决定了对于特定的海洋油气开发平台而言，其任务只能顾及原油开采和天然气收集两者之一（分别对应石油开发平台和天然气开发平台）。北海海上设施数据库中，每个海洋油气开发平台的生产任务（primary）仅包括石油（oil）、天然气（gas）、凝析油（condensate，石油的另一种形式）三者之一很好地说了这一点。

　　从事不同任务的海洋油气开发平台在夜间灯光 DMSP/OLS 数据的灯光亮度值上多表现出明显的差异。然而，这种灯光亮度值存在较大差异的石油开发平台和天然气开发平台的等效油当量在许多情况下是相差不大的。这意味着，若将全部海洋油气开发平台所对应的亮光用于建模并估算油气产量（等效油当量），一方面会对模型的精度带来较大的影响，另一方面模型的估算结果会向石油产量方面过分地倾斜。因此，本节探讨一种基于夜间灯光 DMSP/OLS 数据时间、空间二维统计空间的石油和天然气开发平台分类方法，精细区分两种平台及其对应的夜间灯光。

5.2.1　夜间灯光特征空间构建

1）石油和天然气平台夜间灯光特征

海洋油气开发平台对应的夜间灯光来源主要包括两个方面：其一，夜间开采/储存工作的亮光（包括平台和周围运输船的亮光），广泛地分布在各个石油和天然气开发平台周围；其二，伴生天然气焚烧产生的火光，仅分布于海洋石油开发平台中。相对于来源一，来源二的夜间亮光强度更大，辐射范围更广，时间稳定性更强，使得石油开发平台和天然气开发平台在多时相夜间灯光 DMSP/OLS 数据中的灯光亮度值和亮光稳定性上存在着明显的区别。

以北海区域的海洋油气开发平台为例，在空间上，大多数石油开发平台的背景灯光强度较高、辐射范围较大且连片分布[图 5-5（b）]。与此相对，大多数的天然气开发平台的背景灯光亮度很低，仅有少量的天然气开发平台具有较高的灯光亮度背景，但辐射范围较小且相互孤立[图 5-5（c）]。在时间上，尽管石油开发平台的背景灯光亮度随着石油开采量的变化而波动，但是从长时间来看，这种夜间灯光仍然较为稳定，具有持续较高的灯光强度与辐射范围[图 5-5（d）]。与此相比，尽管少量的天然气开发平台也具有和石油开发平台相近的灯光亮度背景，但这种灯光往往是临时的，在多时相夜间灯光序列中表现为亮光的跳跃性与强度的波动性；对于大多数的天然气开发平台，其背景灯光亮度则持续处于低值[图 5-5（e）]。

值得注意的是，上述夜间灯光时空特征对于部分海下石油开发平台（subsea）并不适用。这部分平台主要用于废污排放与海水填灌而非原油开采，它们的夜间灯光时空特征更接近天然气开发平台[图 5-5（b）]。通过观察，通常海下石油开发平台围绕原油开采平台（fixed/floating）而建，利用搜索半径方法将海下石油开发平台与原油开采平台的高亮背景建立关联可用于消除上述的混淆[图 5-5（b）]。

2）分类特征空间构建

考虑到石油、天然气开发平台在夜间灯光 DMSP/OLS 数据上的空间特征、时间特征以及平台的邻接性，本小节构建基于以空间和时间的二维统计量作为石油和天然气开发平台分类的特征空间（图 5-6）。具体来说，对于某一时相的夜间灯光 DMSP/OLS 数据，以海洋油气开发平台的空间位置为中心，建立搜索半径为 r 的缓冲区[图 5-6（a）]，统计落入缓冲区的夜间灯光的最小值、最大值、平均值、标准差、总值，获取 5 维空间上的统计量[图 5-6（b）的行]。对于 1992～2013 年所有的夜间灯光 DMSP/OLS 数据，共计产生 22 组上述 5 维空间统计量。在此

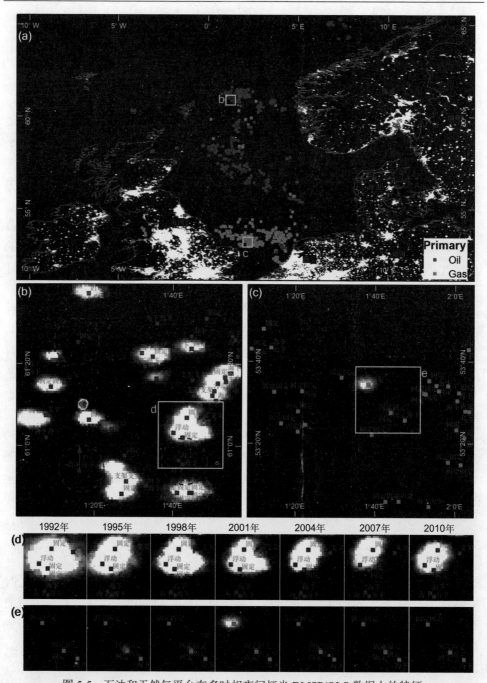

图 5-5　石油和天然气平台在多时相夜间灯光 DMSP/OLS 数据上的特征

（a）北海区域石油和天然气开发平台分布；（b）石油开发平台在 2001 年 DMSP/OLS 上的特征；（c）天然气开发平台在 2001 年 DMSP/OLS 上的特征；（d）石油开发平台在多时相 DMSP/OLS 上的特征；（e）天然气开发平台在多时相 DMSP/OLS 上的特征

基础上，统计各个时期的同一空间统计量[图 5-6（b）的列]在时序中的最小值、最大值、平均值、标准差、总值。进而，对于每一维空间统计量又可衍生出 5 个维度的时间统计量，共计 5×5（25）维空间、时间统计量[图 5-6（c）]。在上述过程中，搜索半径 r 的变化会对特征空间的特征值带来一定的影响，因此本书将搜索半径 r 视为参数，以 1～6 km 的变化范围、1 km 的步长测试分类精度的变化，进而确定搜索半径的最优值。

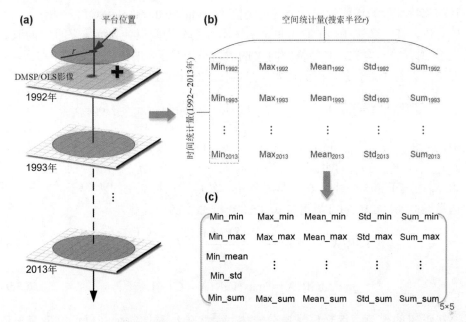

图 5-6　石油和天然气开发平台分类特征空间构建

（a）特征空间构建示意图；（b）基于夜间灯光 DMSP/OLS 数据的空间和时间统计量；（c）基于空间和时间二维统计量的分类特征空间

5.2.2　平台生产任务分类方法

1）C5.0 决策树和 Boosting 算法

本小节采用 C5.0 决策树进行石油和天然气开发平台的分类。C5.0 决策树算法以信息增益率（information gain ration，IGR）为依据确定最优的分类特征和划分阈值构建二叉树分类（Quinlan, 1987）。具体来说，C5.0 决策树算法首先为全部样本 S 建立树的根节点，假设某一分类特征 C 包括 m 个不同的种类 C_i，那么全部样本 S 的信息熵（information entropy，IE）IE(S)可按式（5.6）计算。

$$IE(S) = -\sum_{i=1}^{m} p_i \cdot \log_2 p_i \tag{5.6}$$

式中，p_i 等于 n_i 与 n 的比值，n_i 和 n 分别是第 i 个种类 C_i 和全部样本 S 的样本数量。

对于连续性取值的特征空间 X 而言，C5.0 决策树算法将该特征空间的所有特征值按升序重新排列成数组 AX。假设数组 AX 包括 t 个不同的特征值，每两个不同且相邻特征值的均值生成一个备选阈值（candidate threshold，CT），共计 t–1 个备选阈值。任一备选阈值 CT_j 可将全部样本 S 划分为两组——特征空间 X 的取值都大于 CT_j 的样本集 S_{jh} 和特征空间 X 的取值小于等于 CT_j 的样本集 S_{jl}。那么，在特征空间 X 等于 CT_j 条件下的样本信息熵 [$CIE(S|X{=}CT_j)$] 可按式（5.7）计算。

$$CIE(S\,|\,X = CT_j) = -\left(p_{jh} \cdot \sum_{i=1}^{m} p_{ijh} \cdot \log_2 p_{ijh} + p_{jl} \cdot \sum_{i=1}^{m} p_{ijl} \cdot \log_2 p_{ijl} \right) \tag{5.7}$$

式中，p_{jh} 和 p_{jl} 等于 n_{jh} 和 n_{jl} 与 n 的比值，n_{jh} 和 n_{jl} 分别是样本集 S_{jh} 和 S_{jl} 的样本数量。p_{ijh} 等于 n_{ijh} 与 n_{jh} 的比值，p_{ijl} 等于 n_{ijl} 与 n_{jl} 的比值，n_{ijh} 和 n_{ijl} 分别为在样本集 S_{jh} 和 S_{jl} 中属于第 i 个种类 C_i 的样本数量。然后，在特征空间 X 等于 CT_j 条件下的信息增益率 [$IGR(X{=}CT_j)$] 可按式（5.8）和式（5.9）计算。

$$IGR(X = CT_j) = \frac{IE(S) - CIE(S\,|\,X = CT_j)}{-(p_{jh} \cdot \log_2 p_{jh} + p_{jl} \cdot \log_2 p_{jl})} \tag{5.8}$$

$$IGR(X) = \max_{j=1}^{t-1}[IGR(X = CT_j)] \tag{5.9}$$

决策树的根节点选择信息增益率达到最大值的空间特征并以信息增益率最大值时该特征对应的阈值生成两个新节点。对于每个新节点，重复上述过程不断生成新节点直到每个节点中的所有样本都为同一种类或者样本数量少于用户的指定，进而生成原始的决策树。最终的决策树是基于降低错误修建（reduced error pruning，REP）算法以用户指定的置信度对原始决策树剪枝而得，有效规避了原始决策树的过分拟合现象（Pang and Gong, 2009）。

此外，C5.0 决策树算法还封装了多分类器集成分类技术——Boosting 算法（Quinlan, 1987）。Boosting 算法通过不断调整训练样本分布，重复运行决策树算法生成一系列分类器，并将多分类器归并为一来决定最终类别的归属。具体来说，Boosting 算法分配给每个样本一个权重，权重越高的样本对分类器的生成影响越显著。首轮决策树生成前，Boosting 算法对所有样本的权重等值分配，在重复生成决策树的阶段，Boosting 算法对样本权重的分布做相应调整：上一轮决策树中正确分类的样本权重降低，分类错误的样本权重上升，在此基础上进行本轮决策树生成。最终的复合分类器对所有分类器的归并采用投票的方式，它是每个分类器分类精度的函数。通过封装 Boosting 算法，C5.0 决策树算法能够显著提高分类效果，因而它被广泛地应用在遥感分类领域（Esch et al., 2014; de Colstoun and Walthall, 2006）。

　　2）决策树参数确定

　　在研究中，除了搜索范围大小（r），对 C5.0 决策树分类精度影响显著的参数还包括节点最小样本数量（mincase）和决策树数量（treenum）。因此，研究进行了 100 次随机实验，每次随机选择样本总数（1331）的 50% 作为训练样本，剩下的 50% 作为精度验证。同时，将最小样本数量分别设置为 3（训练样本的 0.5%）、7（1%）、13（2%）、27（5%）、67（10%）和 133（20%），将决策树数量分别设置为 1、10、20、50 和 100，以 100 次随机实验分类总体精度均值为依据，统计不同参数值变化对分类精度的影响（图 5-7）。由于置信度的设置对决策树分类精度的影响不大，研究中选取默认值 0.25。

　　在最小样本数量逐步增长的过程中，分类的总体精度经历先增后减的过程（图 5-7）。在不同的决策树数量和搜索范围大小下，分类总体精度基本是在最小样本数量为 7（训练样本数量的 1%）时达到最大，而在最小样本数量为 133（20%）时锐减至最低。相比仅构建一棵决策树的 C5.0 算法，Boosting 算法的引入（决策树数量大于 1）对分类的总体精度提升显著（2.5%～4.7%），但决策树数量逐步增长的过程中，分类的总体精度随之不断提升，逐步趋于饱和（图 5-7）。在不同的最小样本数量和搜索范围下，分类总体精度大体上在决策树数量为 50 时达到饱和（决策树数量为 100 的分类总体精度仅比数量为 50 的分类精度提升不足 0.2%）。和决策树数量相似，随着搜索半径逐步增长，分类的总体精度不断提升直至饱和（图 5-7）。在不同的最小样本数量和决策树数量下，分类的总体精度基本在搜索半径为 5 km 时达到饱和（当搜索半径从 4 km 增至 5 km 时，分类总体精度平均上升 1.17%；而当搜索半径从 5 km 增至 6 km 时，分类总体精度平均仅上升 0.33%）。最终，本书设置最小样本数量为训练样本数量的 1%，决策树数量为 50，搜索范围大小为 5 km。

5.2.3　分类结果及精度验证

　　C5.0 决策树能够有效度量各个特征对分类的贡献状况，一般而言，区分样本数目越多的节点对应的特征越为重要，这些节点多位于从根节点出发的决策树上层（Quinlan, 1987）。从石油和天然气开发平台的 C5.0 分类决策树来看（图 5-8），最大值的最大值（Max_max）特征和最大值的标准差（Max_std）特征能够有效分离石油开发平台，两个特征（3 个节点）共计区分样本 738 个，正确分类 677 个（正确率 91.7%）。空间上的最大值特征主要描述在某一时刻下的亮光状况，石油

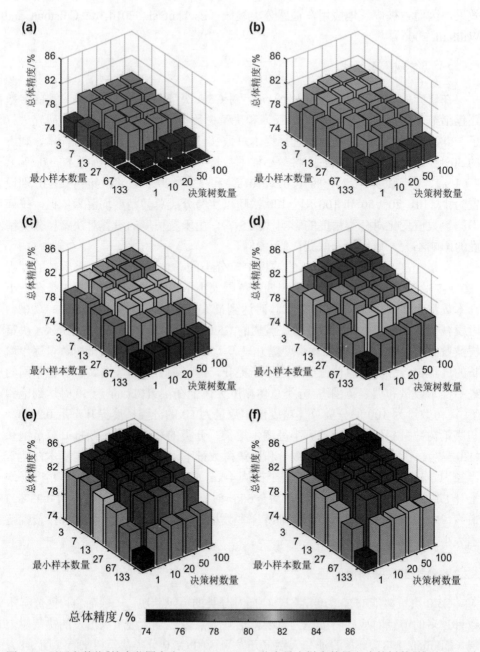

图 5-7　不同参数值[搜索范围大小（a）～（f）、节点最小样本数量和决策树数量]对 C5.0 决策树分类精度的影响

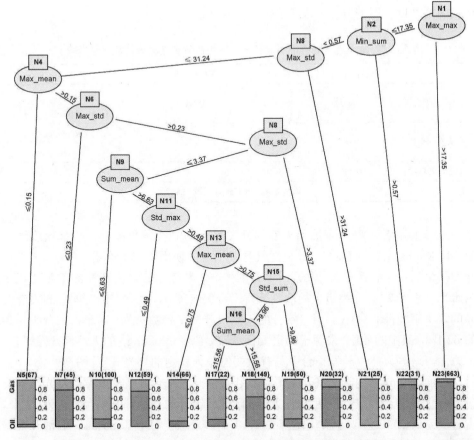

图 5-8　石油和天然气开发平台的 C5.0 分类决策树（第一棵树）

开发平台的区分主要依赖夜间灯光在时间上的极值与稳定性（最大值、方差等）。同时，最大值的均值（Max_mean）特征和总值的均值（Sum_mean）特征能够有效区分天然气平台，两个特征（4 个节点）共计区分样本 255 个，正确分类天然气开发平台 225 个（正确率 88.2%）。与石油开发平台不同，时间上的均值特征主要描述在时间序列下的亮光稳定状况，天然气开发平台的区分更依赖于夜间灯光在空间上的强度极值（总值、最大值等）。

在 5.2.2 节随机实验中获取了 100 个 C5.0 分类决策模型（每个模型均包含 50 棵决策树）。将北海区域 1331 个海洋油气开发平台样本数据输入各个分类决策模型获取了 100 次分类结果。在此基础上，研究将所有分类结果整合成最终分类结果，整合方式如下：若一个样本在 100 次的决策结果中，超过半数（50 次）判定为石油开发平台，则样本最终认定为石油开发平台，否则为天然气开发平台。通过比较最终分类结果与样本真实类别，计算混淆矩阵评估石油和天然气平台分类结果的精度以及误差分布（表 5-3）。

表 5-3　基于混淆矩阵的石油和天然气平台分类精度评价及误差来源

	石油平台	天然气平台	使用者精度	误差来源
石油平台	847	33	0.963	17 subsets, 16 fixed/floating
天然气平台	54	375	0.874	40 fixed/floating, 14 subsets
生产者精度	0.940	0.919		

总体精度=0.934, Kappa 系数=0.847

　　总体上来看，海洋石油和天然气开发平台的分类效果很好，总体精度达到 0.934，Kappa 系数为 0.847。除天然气开发平台的使用者精度不足 0.9 外，天然气开发平台的生产者精度、石油开发平台的生产者和使用者精度都维持在 0.91 以上的水平（表 5-3）。分类错误的油气开发平台仅 87 个，且它们的空间分布没有明显的聚集倾向[图 5-9（a）]。错分的天然气开发平台数量为 54 个，占分类错误的 62.1%，其中的 40 个来源于固定（fixed）或浮动（floating）的天然气开发平台。一方面，这些天然气开发平台多具有微弱但较为稳定的灯光亮度[图 5-9（e）]；另一方面，部分上述天然气开发平台毗邻石油开发平台并且受其背景灯光辐射效应影响[图 5-9（d）]，使两者难以有效区分。错分的石油开发平台数量为 33 个，占分类错误的 37.9%，其中超过半数（17 个）来源于海下（subsets）石油开发平台。这些石油开发平台在空间上距离固定或浮动的原油开采平台（fixed/floating）较远[图 5-9（b）和图 5-9（c）]，在搜索半径为 5 km 的条件下仍然难以与原油开采平台建立联系，从而导致其背景灯光微弱且波动，极易与天然气开发平台混淆。

5.2.4　南海海洋石油和天然气开发平台变化分析

　　本小节将建立在北海区域的海洋石油和天然气开发平台分类模型应用到 1992～2013 年南海存在的 1004 个海洋油气开发平台上，并获取各个平台的生产任务属性（石油或天然气生产，附表 1 和图 5-10）。总体而言，南海整体有 73.3%（736 个）的平台从事石油生产，26.7%（268 个）的平台从事天然气开采，同时，75.7%（203 个）的天然气平台归属于泰国和马来西亚[图 5-10（a）]。在南海周边各国中，泰国的天然气开发平台的数量和比例均为第一，共有 115 个天然气开发平台[占泰国平台总数的 36.9%，图 5-11（a）]较为随机地分布在泰国湾海域[图 5-10（d）]。紧随其后的是马来西亚，总共建立天然气开发平台 88 个，占

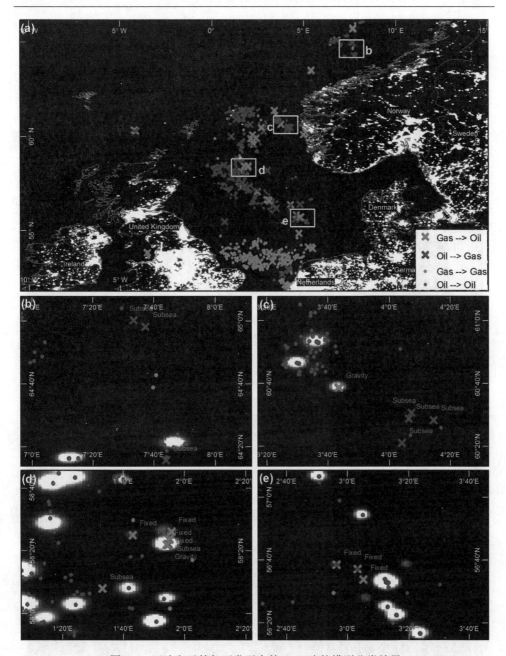

图 5-9 石油和天然气开发平台的 C5.0 决策模型分类结果

（a）为北海区域分类结果及误差空间分布；（b）、（c）为部分石油开发平台错分区域放大图；（d）、（e）为
部分天然气开发平台错分区域放大图

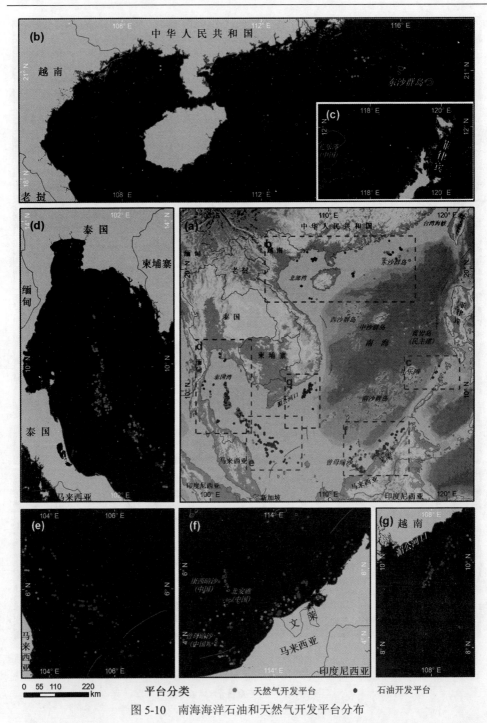

平台分类　　● 天然气开发平台　　● 石油开发平台

图 5-10　南海海洋石油和天然气开发平台分布

（a）南海整体海洋石油和天然气开发平台分布；（b）～（g）南海各个重点海域海洋石油和天然气开发平台类型分布

马来西亚平台总数的 29.7%[图 5-11（a）]；其中的 78 个（88.6%）天然气开发平台集中分布在东马来西亚沿岸海域[图 5-10（f）]。我国和文莱的天然气开发平台数量相近，分别为 18 个和 16 个；由于平台总数的差异，我国天然气开发平台比例为 24.7%，逾文莱天然气开发平台比例（12.3%）的 2 倍[图 5-11（a）]。我国的天然气开发平台主要分布在珠江口，少量分布在北部湾[图 5-10（b）]，而文莱的天然气开发平台随机分布于该国近岸海域[图 5-10（f）]。越南、印度尼西亚和菲律宾的天然气开发平台均少于 10 个：越南天然气开发平台有 3 个，仅占该国平台总数的 3.7%，天然气开发平台零星分布于越南湄公河口近岸[图 5-10（e）]；印度尼西亚和菲律宾在南海的平台数量较少，天然气开发平台也很少，数量分别为 3 个和 2 个[图 5-11（a）]。此外，争议区的油气平台位于泰国湾及其毗邻海域，在 77 个平台中包括 23 个天然气开发平台，比例近 30%。

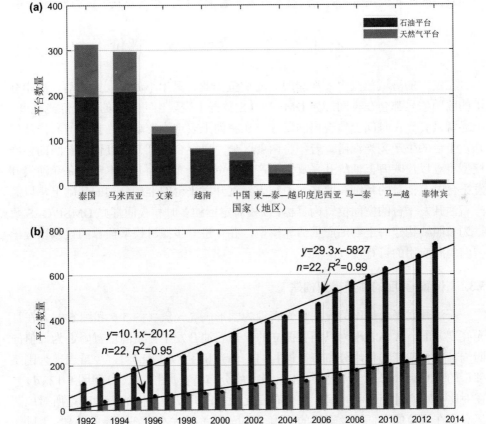

图 5-11　1992～2013 年南海海洋石油和天然气平台数量和数量变化

（a）1992～2013 年南海周边各国（及争议区）海上石油和天然气平台数量；（b）1992～2013 年南海整体海洋石油和天然气平台数量变化

从 1992~2013 年南海石油平台和天然气平台数量的变化来看，两类平台数量的增长表现出很高的同步性，每年的数量比例基本保持在 3∶1 的关系[图 5-11 (b)]。1992 年，石油和天然气开发平台分别为 119 个和 34 个，天然气平台比例为 22.2%。同时，南海海洋石油开发平台和天然气开发平台数量均表现出显著的线性增长：石油开发平台每年增长约 29.3 个（R^2=0.99），天然气开发平台每年增长约 10.1 个（R^2=0.95），天然气开发平台的增长比例为 25.6%[图 5-11 (b)]。石油和天然气开发平台初始比例和线性增长比例的相似决定了至 2013 年石油和天然气开发平台分别为 736 个和 268 个，天然气平台比例仅变化 4.5%；22 年间天然气平台比例均值为 23.1%，标准差仅为 1.2%。值得注意的是，天然气开发平台比例明显增加主要来自于最后两年（2012 年和 2013 年），每年比例上升约 1%，而这很有可能是由于夜间灯光 DMSP/OLS 数据时间序列长度较短、背景灯光亮度不强且持续时间较短引起的新建石油开发平台误分成天然气开发平台的分类错误。

5.3　石油产量估算模型构建与评价

在宽广的海域范围内，渔船舰队的捕鱼作业、离岸小岛的人类活动、离岸灯塔的照明信号都会在夜间灯光 DMSP/OLS 数据上表现出可识别的背景灯光亮度。上述背景亮光在时间上体现出间歇性，在空间上表现为变动性，且易与海洋油气开发平台的生产亮光混淆。若不将两者区分，以混合的灯光亮度值为参照的估产模型将难以反映海上油气开采真实的产量与空间分布。因此，本节在海洋油气开发平台时空信息的精细获取与石油和天然气开发平台的准确分类的基础上，以海洋石油开发平台的空间位置为目标，以相对定标的多时相夜间灯光 DMSP/OLS 数据为参照，构建海上石油产量估算模型，并且进一步探讨模型估算的误差以及模型向南海应用的可行性。

5.3.1　位置-亮度的估产模型构建

石油开发平台周围的夜间灯光表现为圆形高亮光斑（图 5-5 和图 5-9）。在灯光亮度方面，大多表现为以相互孤立的单个石油开发平台空间位置附近为峰值向四周辐射状递减的单峰分布特征[图 5-12 (a) 和图 5-12 (b)]，少量表现为围绕邻近的两（多）个石油开发平台的双（多）峰分布特征[图 5-12 (c) 和图 5-12 (d)]。在对比石油产量空间和时间上的分布变化后，研究发现不同的石油产量所对应圆形亮斑在峰值的高低以及辐射的范围（Value>0）的大小存在明显的差异。因此，本小节依据不同的灯光亮度分布特征，构建两种石油产量估算模型：

（1）单峰估算模型。以各个海上石油开发平台空间位置为中心，通过建立搜索半径为 r 的缓冲区，统计位于缓冲区内的亮光单峰"体积"，与海上石油产

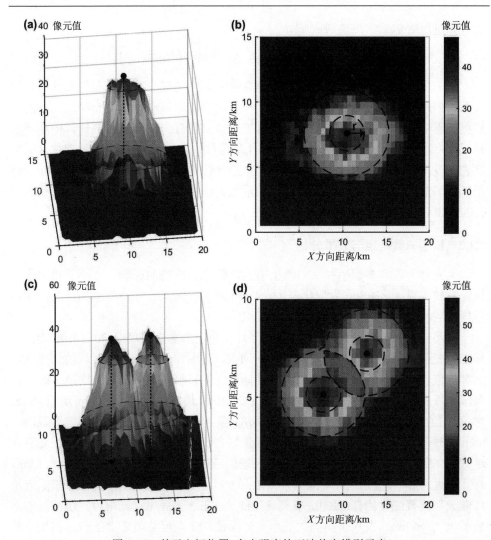

图 5-12　基于空间位置-亮光强度的石油估产模型示意

（a）单峰条件下不同缓冲半径灯光亮度总值变化；（b）单峰条件下不同缓冲半径俯视图；（c）双峰条件下不同
缓冲半径灯光亮度总值变化；（d）双峰条件下不同缓冲半径俯视图

量进行关联[图 5-12（a）]。这种亮光单峰的"体积"从微观上来说等于每个像元的面积 Δs 与该像元对应灯光强度 $h(\Delta s)$ 乘积的总和[式（5.10）]，由于像元的面积恒定，所以亮光单峰的"体积"等效于缓冲区内的灯光亮度总和（Sum of Nightlight）。在此过程中，r 的变化引起的缓冲区范围的改变将对产量估算模型的精度产生影响：若 r 过小，缓冲区内仅包含亮光峰值像元，对于灯光亮度峰值已达到饱和的亮斑，灯光亮度总和的差异将难以充分体现；若 r 过大，缓冲区内又将包含较多的背景值（Value=0），对于距离海岸较近的平台，还可能引入海岸上的灯光进而对估算结果造成影响。

$$V = \int \Delta s \cdot h(\Delta s) = s \cdot \sum h_i = s \cdot \text{Sum of Nightlight} \qquad (5.10)$$

（2）多峰估算模型。该模型也是建立缓冲区内的灯光亮度总和与石油产量的关系。但相比于单峰估算模型，搜索半径 r 的变化对该模型的灯光亮度总和的计算更具影响：当 r 较小时，各个缓冲区彼此孤立，灯光亮度总和的计算同单峰估算模型；当 r 较大时，各个缓冲区将相互重叠[图 5-12（d）]。考虑到重叠区域的灯光亮度多已经过累加效应得到提升，重叠区域的灯光亮度不进行重复统计。整个区域的灯光亮度总和以各缓冲区形成最大范围内的所有像元亮度值的总和表示[图 5-12（d）]。

5.3.2　模型参数确定与效果分析

为充分考虑到搜索半径 r 对海上石油产量估算模型的影响，本小节将 r 作为待定参数，以 1～10 km 为变化范围、1 km 为步长测试灯光亮度总和以及产量估算模型的相关系数的变化来确定其最优取值。

在不同搜索半径 r 下，北海区域各国灯光亮度总和在 1992～2013 年的均值和标准差变化如图 5-13（a）所示。随着 r 增大，英国和丹麦在北海区域的灯光亮度总和均值表现出明显的先迅速增加后维持不变的特征。当 r 从 1 km 增至 5 km 时，英国和丹麦灯光亮度总和均值分别增长 132 210 和 12 692；而当 r 从 6 km 增至 10 km 时，两国的灯光亮度总和均值仅增长 35 783 和 1414。可见，当 r 达到一定界限（5～6 km）时，其形成的缓冲区所涵盖的背景灯光已趋于饱和。然而，挪威在北海区域灯光亮度总和的均值却随着 r 增大不断增加。在 1～10 km 范围内，r 每增大 1 km，灯光亮度总和均值线性上升 34 478（$R^2=0.99$）。这种差异主要来源于挪威的近岸伴随天然气焚烧设施[landfall，图 5-5（a）]。在这些近岸设施附近，缓冲区的不断扩大（$r>6$ km）引入了高亮的城市灯光而使灯光亮度总值随之上升。但城市灯光的混入无疑将对海上石油产量估算模型的精度造成影响[图 5-13（b）]。

在不同搜索半径 r 下，北海区域各国及整体海上石油产量估算模型的相关系数 R^2 变化如图 5-13（b）所示。随着 r 增大，英国和挪威的海上石油产量估算模型的相关系数均表现为先上升后下降的趋势。当 r 分别等于 4 km 和 5 km 时，两个相关系数分达到最大的 0.893 和 0.828。而丹麦的海上石油产量估算模型的相关系数表现出随着 r 增大明显下降的趋势，相关系数的最大值在 r 等于 1 km 时取得（0.485）。这主要由于丹麦在北海的石油开发活动较少，对应的背景灯光不明显，在 r 增大的过程中易受灯光噪声的影响而使拟合精度下降。不过，从北海区域整体上来看，其石油产量估算模型的相关系数变化与英国和挪威相似，在 r 为 5 km 时达到最大值 0.947。综合灯光亮度总和以及估算模型的相关系数的变化，研究最

终选取 r 为 5 km。

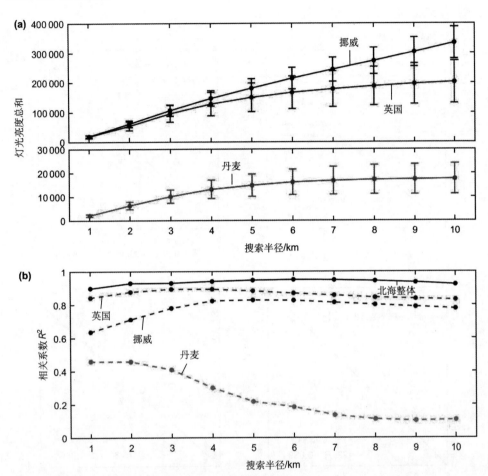

图 5-13　不同搜索半径 r 对北海区域灯光亮度总和以及模型拟合效果的影响

（a）不同搜索半径 r 下，北海区域各国灯光亮度总和的变化（圆点和误差棒分别代表 1992～2013 年灯光亮度总和的均值和标准差）；（b）不同搜索半径 r 下，北海区域各国及总体石油估算模型相关系数 R^2 的变化

　　在搜索半径为 5 km 时，研究将北海区域各国在 1992～2013 年每年的海洋石油开发平台对应的灯光亮度总和与海上石油产量关系拟合，两者之间表现出显著的线性关系[图 5-14（a）～图 5-14（c），虚线]。英国和挪威海洋石油开发平台对应的灯光亮度总和与海上石油产量的相关系数 R^2 分别高达 0.882 和 0.828。受限于三个异常点[图 5-14（c），圆圈]，丹麦海洋石油开发平台对应的灯光亮度总和与海上石油产量的 R^2 较低（0.218）。异常点聚集于 1992～1994 年，它们具有较低的海上石油产量却对应较高的灯光亮度，可能是掺杂了部分非石油开发（如渔业生产、背景噪声）的背景亮光。若将上述异常点排除，线性拟合的 R^2 将上升

至 0.501。这也表明，海上灯光亮度较低的国家（海洋石油生产较少的国家）更易受到灯光噪声影响而干扰模型拟合结果。

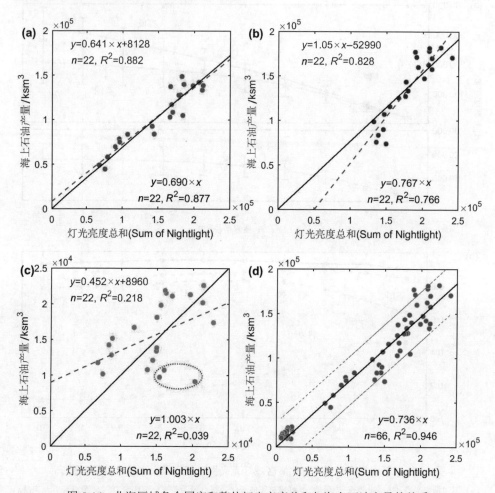

图 5-14　北海区域各个国家和整体灯光亮度总和与海上石油产量的关系

（a）～（c）分别为英国、挪威和丹麦灯光亮度总和与海上石油产量的关系（实线和虚线分别表示截距为 0 和不为 0 的线性拟合）；（d）为北海区域整体（包括英国、挪威和丹麦）灯光亮度总和与海上石油产量的关系（实线表示截距为 0 的线性拟合，虚线表示拟合的 95%置信区间分布）

同时，为了使线性拟合模型更具实际意义，研究将各线性方程的截距统一设置为 0。在此情况下，海洋石油开发平台对应的灯光亮度总和与海上石油产量仍表现出显著的相关性，除了丹麦受到异常点影响外，英国和挪威截距为 0 的线性拟合模型的相关系数 R^2 分别达到 0.877 和 0.766[图 5-14（a）～图 5-14（c），实线]。值得注意的是，截距为 0 的线性拟合模型中的唯一参数——斜率，在北海区域的各国间较为相近，说明了以灯光亮度总和构建的石油产量估算模型具有一定的区域普适性以及空间泛化性。在此基础上，拟合各个国家每年的海洋石油开发平台对应的灯光亮度总和与海上石油产量关系，构建适用于整个北海区域的海上石油产量估算模型[式（5.11）和图 5-14（d）]。

$$\text{Estimated Oil Production} = 0.736 \times \text{Sum of Nightlight} \qquad (5.11)$$

式中，Estimated Oil Production 为海洋石油预估产量，单位为 ksm^3（标准状态下，千立方米）；Sum of Nightlight 为海洋石油开发平台周围 5 km 内的灯光亮度总和。

总体上看，北海区域整体的石油产量估算模型拟合效果很好，相关系数 R^2 高达 0.946，均方根误差（RMSE）为 $0.137 \times 10^5\,ksm^3$，仅有 4 个拟合点位于拟合的 95%置信区间之外[图 5-14（d）]。此外，研究计算估算模型的绝对残差与灯光亮度总和以及海上石油产量的关系（图 5-15），进一步分析估算模型的误差分布。绝对残差在一定程度上（$R^2=0.183$）表现出随灯光亮度总和的增加而线性增加的趋势[图 5-15（a）]。一方面，线性拟合方程的截距（4434）明显大于 0，说明该

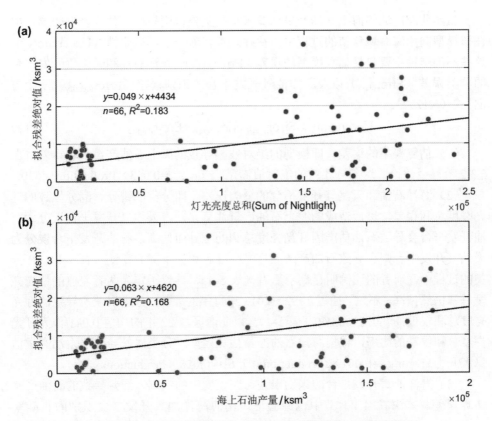

图 5-15　北海区域整体海上石油产量估算模型绝对残差分布

（a）估算模型随灯光亮度总和的绝对残差分布；（b）估算模型随海上石油产量的绝对残差分布

模型对于海洋石油开发平台对应的灯光亮度总和较低的估算将存在较大偏差；另一方面，线性拟合方程的斜率（0.049）很小，说明该模型估算误差将随着海洋石油开发平台对应的灯光亮度总和的提升逐步降低。海上石油产量与绝对残差的关系则更能将模型的估算误差定量化[图 5-15（b）]。两者满足一定的线性递增关系（R^2=0.168）。截距为 4620 说明当海上石油产量较少时，模型的估算将存在较大误差（例如，当海上油气产量为 10^4 ksm^3 时，误差将高达 52.5%）；斜率为 0.063 说明当海上石油产量不断上升时，模型的估算误差将逐步降低（例如，当离岸油气产量达到 10^5 ksm^3 时，误差降低至 10.9%）。同时，该模型的数据分布范围涵盖了海上石油产量从 $1×10^4$ ~$2×10^5$ ksm^3 的范围，具有广泛的适用性。

5.3.3　模型移植的不确定性评价

1）模型移植的不确定性区间

虽然北海区域的海上石油产量估算模型的数据范围较广、估算精度较高，但在该模型向南海海域移植的过程中，往往还存在着一些不确定性（Uncertainty）。这些不确定性主要包括估算模型的误差（Error$_{model}$）、海洋石油和天然气开发平台的分类误差（Error$_{class}$）以及海洋油气开发平台的识别误差（Error$_{identify}$）三个方面[式（5.12）]。

$$Uncertainty = Error_{model} + Error_{class} + Error_{identify} \qquad (5.12)$$

（1）估算模型的误差，即模型的绝对残差导致的海上石油产量估算误差，在 5.3.2 节已经讨论，这部分误差的绝对值满足$|Error_{model}|$=0.063×Production+4620。

（2）海洋石油和天然气开发平台的分类误差，即分类的错分、漏分导致的灯光亮度总和误差，进而造成的海上石油产量估算误差。天然气开发平台误分为石油开发平台会导致石油估产因灯光亮度总和的上升而偏高，石油开发平台误分为天然气开发平台则会导致石油产量因灯光亮度总和的下降而变低（表 5-4）。在分类的过程中，前者的比例明显高于后者（表 5-4），导致了作为两者差值的灯光亮度总和仍然偏高。不过，通过 1992~2013 年每年的计算，分类误差所导致的灯光亮度总和仅偏高 0.027~0.060（表 5-4）。以北海区域 22 年的均值 0.041 作为灯光亮度总和提高的比率，根据海洋石油产量估算模型，分类误差导致的石油产量估算上升为+Error$_{class}$=0.041×(Production/0.736)≈0.056×Production。

（3）海洋油气开发平台的识别误差，即识别中的错判、漏判导致的石油产量估算误差。本书在 4.1.1 节中已经验证，南海海洋油气开发平台识别的正确率为 93.5%，错判率为 4.2%，漏判率为 2.3%。假设错判、漏判的平台是石油或天然气平台的概率相等，并且错判、漏判的石油平台没有相较于平均值显著的差异。那么，由于错判率大于误判率，识别误差导致的石油产量估算上升为

+Error$_{identify}$=0.5×(0.042–0.023)×Production=0.0095×Production。

考虑到上述石油估算模型移植过程中的不确定性，若利用估算模型获取的石油产量为 Production$_e$，那么石油产量估算的上［Production$_e$(ub)］、下［Production$_e$(lb)］界限分别如式（5.13）和式（5.14）所示。

$$Production_e(ub)= 0.063×Production_e+4620 \tag{5.13}$$

$$Production_e(lb)=0.129×Production_e+4620 \tag{5.14}$$

表 5-4　海洋石油和天然气开发平台分类误差所导致的灯光亮度总和误差

年份	灯光亮度增加（Gas→Oil）	灯光亮度降低（Oil→Gas）	灯光亮度差值	灯光亮度总值	比率
1992	9472.91	30.17	9442.74	353 310.8	0.027
1993	14 641.61	154.54	14 487.07	365 398.9	0.040
1994	20 782.55	60.33	20 722.22	428 920.8	0.048
1995	15 290.58	134.60	15 155.98	424 905.6	0.036
1996	15 690.28	162.71	15 527.57	389 742.6	0.040
1997	15 691.61	272.23	15 419.38	435 500.4	0.035
1998	15 325.09	565.52	14 759.57	433 453.1	0.034
1999	14 647.64	115.31	14 532.33	447 131.4	0.033
2000	16 761.75	396.20	16 365.55	409 587.9	0.040
2001	21 489.30	233.91	21 255.39	411 114.6	0.052
2002	16 985.59	160.42	16 825.17	386 203.7	0.044
2003	16 791.38	261.66	16 529.72	396 137.7	0.042
2004	17 784.56	117.09	17 667.47	399 620.5	0.044
2005	14 911.36	164.23	14 747.13	334 524.7	0.044
2006	15 247.98	101.95	15 146.03	336 042.4	0.045
2007	11 804.33	87.70	11 716.63	276 866.8	0.042
2008	10 664.54	139.51	10 525.03	254 324.2	0.041
2009	9388.57	133.36	9255.21	237 313.4	0.039
2010	9529.93	220.42	9309.51	243 442.3	0.038
2011	10 955.82	64.10	10 891.72	226 303	0.048
2012	8263.44	152.27	8111.17	209 777.5	0.039
2013	14 052.14	181.64	13 870.50	232 089.9	0.060
平均值	14 371.5	177.72	14 193.78	346 896	0.041

2）模型移植的精度评价

由于南海油气产量数据极为匮乏，本书采用两种方式对北海石油产量估算模型移植到南海海域的石油估算结果进行评价。第一种，值域比较方式：将1992～2013年南海周边国家在南海的年际石油估算量与石油总产量（陆域和海域石油产量之和，BP能源开发年鉴）间接比较；第二种，数值验证方式：将2011年南海周边国家在南海的石油估算量与EIA南海海上油气产量报告（EIA，2013b）的石油产量直接验证。

（1）值域比较。考虑到越南、泰国、马来西亚和文莱四国的石油产量主要来源于南海（EIA，2013b），理论上，它们在南海的石油估算量应该小于石油总产量，且两者在数量级上应该保持相等。上述四国每年的石油估算量和石油总产量的关系如图5-16所示。总体而言，石油估算量和石油总产量在数量级上保持了很好的一致性，全部88次观测（4个国家、22个年份）都位于同一数量级，估算量与总产量的比值最小为0.11，最大为1.74。石油估算量与总产量的关系也具有较好的一致性，全部88次观测中，估算量小于总产量有71次，大于总产量有16次，并且经过移植性不确定性修正后，其石油估算量区间的下限全部低于总产量（图5-16）。

从各个国家来看，石油估算量越高的国家，其估算量的不确定性相对较小[马来西亚，图5-16（c）]；而石油估算量越低的国家，其估算量的不确定性相对较大[文莱，图5-16（d）]。在四个国家中，泰国的石油估算量精度较好，除2004年外，其余各年的石油估算量均低于石油总产量[图5-16（b）]，且估算量占总产量的比例位于49.2%～104.8%，均值为74.1%，这与EIA报道的泰国80%的石油生产来源于泰国湾的结果（EIA，2013b）高度吻合。越南和马来西亚的情况相似，两国的石油估算量与石油总产量的年际变化表现出较好的一致性，但同时也存在数个石油估算量大于石油总产量的年份[图5-16（a）和图5-16（c）]。越南石油估算量超过石油总产量的时间主要在1999年及之前（1992～1997年、1999年），而马来西亚石油估算产量超过石油总产量的时间主要在2003年之后（2004～2009年、2011年、2013年）。越南22年间石油估算量占总产量的97.3%；马来西亚22年间石油估算量占总产量的84.2%。文莱的石油估算量虽然在1992～2013年均低于石油总产量[图5-16（d）]，但是1997年之前的估算量仅占总产量的11.0%～38.6%；与此相对，石油估算量在2006年之后基本超过总产量的50%，表现出估算量与总产量之间截然不同的变化趋势，22年间石油估算量仅占总产量的53.3%，这预示着该国的南海石油估算量可能存在着一定的错误。

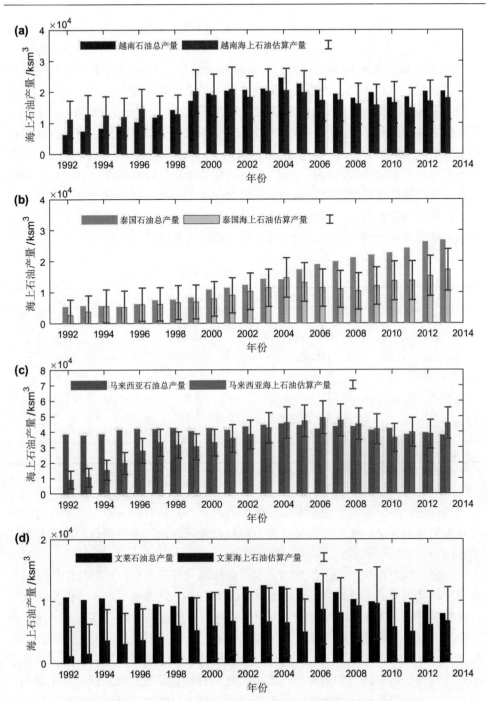

图 5-16　1992～2013 年南海周边各国在南海石油产量估算的比较验证

（a）～（d）分别为 1992～2013 年越南、泰国、马来西亚和文莱在南海海域石油产量估算值与海陆产量总值之间的比较（误差区间表示考虑石油估算模型移植的不确定性的海上石油产量估算值分布）

（2）数值验证。EIA 南海油气产量报告采用狭义南海的定义（不包括泰国湾海域），因此，此处将泰国排除，对剩下的中国、越南、菲律宾、马来西亚、印度尼西亚和文莱 6 个国家 2011 年南海石油估算量与石油产量真实值进行比较（表5-5）。以误差比例为指标，印度尼西亚的石油估算量与真实值最接近，误差为+13.78%；菲律宾的石油估算量与真实值差异最大，误差为+45.48%。同时，石油估算量的误差不存在明显的方向性：3 个国家石油估算量偏大，正向误差位于 13.78%～45.48%；3 个国家石油估算量偏小，负向误差位于 15.21%～35.04%。从各个国家的角度来看，上述六国的石油估算量误差绝对值均值为 28.93%，说明北海石油产量估算模型应用到南海海域各个国家的石油产量估算中存在一定的偏差。但对南海整体而言，南海整体石油估算量（6 个国家的石油估算量之和）与石油产量的真实值间仅存在 2.92%的误差，估算效果较好。

表 5-5   2011 年南海周边各国南海石油产量估算的数值验证

国家	报道石油产量/ksm³	预估石油产量/ksm³	误差比例/%
中国	14 507.15	9424.28	−35.04
越南	17 408.59	14 761.19	−15.21
菲律宾	1450.72	2110.46	45.48
马来西亚	29 014.31	39 641.48	36.63
印度尼西亚	3481.72	3961.50	13.78
文莱	6963.43	5051.50	−27.46
泰国*	0.00	13 737.08	—
总和	72 825.91	74 950.41	2.92

*EIA 报告中采用排除泰国湾的南海概念，进而计算出泰国在南海的石油产量为 0 ksm³。

通过进一步分析，发现南海周边各国的海上石油估算量误差主要来自海洋油气开发平台的划定、夜间灯光与火光的混淆以及海洋油气开发平台归属的判别三个方面。

首先，以海岸线 5 km 缓冲区来划分海洋油气开发平台，从而排除近岸与平台诸多相互混淆的水域地物（港口、码头、灯塔等），这难免导致一些近岸油气平台设施的遗漏。从海洋油气开发平台由近及远的发展趋势（4.3 节）来看，这些近岸油气开发平台设施往往是研究早期海域石油产量的重要来源。因此，研究早期部分国家（文莱、马来西亚）石油估算量明显低于实际水平，只占石油总产量很小的比例[图 5-16（c）和图 5-16（d）]。这部分偏差是在北海地区没有出现的，因为北海的海上设施分布数据通过实地调查记录了海域全部的油气开发平台。

其次，海洋油气开发平台建设初始，夜间灯光数据除了记录少量平台石油生产而焚烧伴生天然气的火光外，更记录了大量源于平台建设的灯光，难免造成石油产量估算的偏高。越是海洋油气开发平台快速建造时期，掺杂的平台建设的灯光而导致估算误差的概率就越大。越南早期数个石油估算量高于石油总产量的年份很可能对应上述情况［图 5-16（a）］。这部分偏差已在北海海上石油产量估算模型中作为误差进行了估计（例如丹麦海上石油产量估算的误差），但由于北海区域整体石油产量较大，误差比例相对较小，而南海各国海上石油产量较小，误差则较为明显。

此外，为了与南海周边各个国家海上石油总产量对应，本书将南海争议区的海洋石油开发平台对应的灯光亮度依据平台据各个国家距离就近分配，也会对各国石油估算量引入一定的不确定性。随着争议区的海洋油气开发平台数量和石油产量不断增长，平台的错误归属对石油估算量的影响也越来越大。马来西亚与泰国和越南均有海洋油气开发争议区，马来西亚在 2003 年之后有数个大于石油总产量的石油估算量［图 5-16（c）］；与此相对，泰国在 2003 年之后石油估算量占石油总产量的比例陡然下降［图 5-16（b）］；同时，越南在 2011 年的石油估算量低于真实值 15.21%（表 5-5），这很有可能来源于争议区平台归属判别的错误。虽然南海各国的海上石油估算量存在一定的偏差，但南海整体的海上石油产量估算值与真实值较为符合（表 5-5），可能也是争议区石油产量划分错误通过累加相互抵消后的结果。

5.3.4　南海海域石油产量变化分析

考虑到南海周边各国在南海的石油产量估算存在一定的误差，但南海整体的海上石油产量估算效果较好，本小节仅对南海整体以及争议区海上石油产量变化做进一步分析（图 5-17）。

总体上看，1992～2013 年南海整体的海上石油产量表现出明显的增长趋势，从 38 291 ksm^3 增长到 106 640 ksm^3，增幅达 178%［图 5-17（a）］。具体来说，海上石油产量变化又可分为"增长—减少—增长"的 3 个时期：1992～2004 年为快速增长时期，海上石油产量线性增长趋势明显（R^2=0.94），平均每年增长 5361 ksm^3，从 1992 年的 38 291 ksm^3 增长到 2004 年的 106 940 ksm^3，12 年间增幅为 179%；2004～2011 年为缓慢减少时期，海上石油产量的减少具有较高的线性趋势（R^2=0.92），平均每年减少 2430 ksm^3，至 2011 年石油产量为 88 687 ksm^3，7 年间减幅为 17%；2011 年后南海整体的海上石油产量再次表现出增长趋势，仅 2 年增长至 106 640 ksm^3，基本达到 2004 年相同水平。

南海争议区的海上石油产量也表现出明显的增长趋势，从 1998 年出现海上石油生产以来，15 年间海上石油产量从 455 ksm^3 增长到 5475 ksm^3［图 5-17（b）］。争议区海上石油产量 92.7% 的增长来自于 2000 年以后，增长趋势表现出以 7 年为周期的加速波动增长——前 5 年石油产量持续增长，后 2 年石油产量轻微下降。

2000～2006 年为第一个波动增长时期,海上石油产量峰值(2004 年)达到 3182 ksm^3,6 年间石油产量增长 1747 ksm^3;2006～2012 年为第二个波动增长时期,石油产量峰值(2010 年)达到 5370 ksm^3,6 年间石油产量增长 2871 ksm^3,是第一个波动增长时期增长量的 1.64 倍。2012 年之后争议区的海上石油产量再次表现出增长趋势。

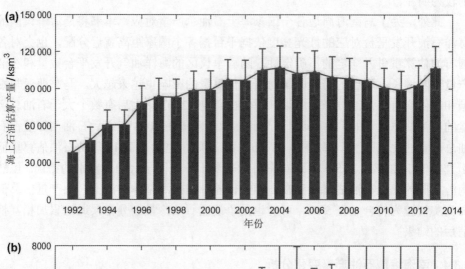

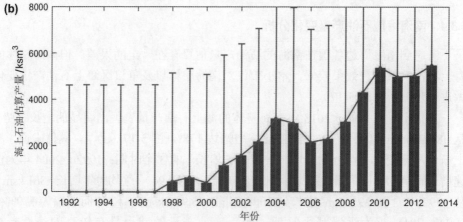

图 5-17　1992～2013 年南海海上石油产量变化

(a)南海整体海上石油产量变化;(b)南海海域争议区石油产量变化(误差区间表示考虑到海上石油估算模型移植不确定性的石油产量估算值分布区间)

5.4 本 章 小 结

海上石油产量遥感估算对突破当前能源统计数据的区域局限性，实现南海石油资源开发动态监测具有重要意义。本章利用夜间灯光 DMSP/OLS 数据上的灯光亮度值和亮光稳定性的差异，高精度分离了海上石油生产的夜间灯光。进而，研究以灯光亮度总和量化海上石油开采强度，建立北海区域海上石油产量估算模型；以全球化相对定标的夜间灯光数据为纽带，将模型移植到南海海域。本章的具体内容与结论包括：

（1）提出了适用于全球化的多时相 DMSP/OLS 数据相对定标方法。以亮光不变指数确定全球定标区域为靶区，结合夜间灯光数据伪不变特征选取全球亮光不变像元，从而建立线性回归模型，相对校正 1992～2013 年夜间灯光 DMSP/OLS 数据。年际夜间灯光 DMSP/OLS 数据的相关系数 R^2 均>0.8，不同采样结果对 R^2 的影响<10%，说明全球尺度的夜间灯光 DMSP/OLS 数据相对定标结果稳定、效果较好。

（2）提出了基于 DMSP/OLS 数据时空统计特征的平台生产任务分类方法。基于空间、时间二维统计量的分类特征空间，研究利用 C5.0 决策树算法建立石油和天然气开发平台分类模型，并精确分离了海上石油生产的夜间灯光。油、气平台分类模型的总体精度达 0.934，Kappa 系数为 0.847，生产者和使用者精度均超过 0.87。将该模型应用到南海发现，1992～2013 年南海约 75%的平台属于石油开发平台，约 75%的天然气开发平台来自泰国和马来西亚。

（3）构建了耦合空间位置和亮光强度的海上石油产量遥感估算模型。基于夜间灯光强度峰值模型，研究拟合海上石油生产的夜间灯光强度与海上石油产量的关系，从不确定性和精度两方面定量评价海上石油产量估算模型向南海移植的可行性。海上石油产量估算模型的数据范围涵盖（0.1～2）×10^5 ksm^3，相关系数 R^2 达 0.946，均方根误差（RMSE）仅 0.137×10^5 ksm^3。目前，该模型应用于南海各国的石油产量估算时存在一定的偏差，误差绝对值均值为 28.93%；但应用在南海整体的估算中效果较好，误差绝对值仅 2.92%。

参 考 文 献

艾加秋, 齐向阳, 禹卫东. 2009. 改进的 SAR 图像双参数 CFAR 舰船检测算法. 电子与信息学报, 31(12): 2881-2885.

安应民. 2011. 论南海争议区域油气资源共同开发的模式选择. 当代亚太, (6): 123-140.

曹子阳, 吴志峰, 匡耀求, 等. 2015. DMSP/OLS 夜间灯光影像中国区域的校正及应用. 地球信息科学学报, 17(9): 1092-1102.

陈洁, 温宁, 李学杰. 2007. 南海油气资源潜力及勘探现状. 地球物理学进展, 22(4): 1285-1294.

陈晋, 卓莉, 史培军, 等. 2003. 基于 DMSP/OLS 数据的中国城市化过程研究: 反映区域城市化水平的灯光指数的构建. 遥感学报, 7(3): 168-175.

陈史坚. 1983. 南海气温、表层海温分布特点的初步研究. 海洋通报, 2(4): 9-17.

储昭亮, 王庆华, 陈海林, 等. 2007. 基于极小误差阈值分割的舰船自动检测方法. 计算机工程, 33(11): 239-241, 269.

冯文科, 鲍才旺. 1982. 南海地形地貌特征. 海洋地质研究, (4): 802-935.

高伟浓. 1994. 亚太国家的石油天然气勘探开发. 广东: 广东高等教育出版社.

郭渊. 2013. 2012—2013 年文莱南海油气开采及南海政策. 新东方, (3): 18-23.

侯京明, 高义, 李涛. 2012. 海洋数值模型常用地形数据概述. 海洋预报, (6): 44-49.

黄少婉. 2015. 南海油气资源开发现状与开发对策研究. 理论观察, (11): 91-93.

江怀友, 赵文智, 闫存章, 等. 2008. 世界海洋油气资源与勘探模式概述. 海相油气地质, 13(3): 5-10.

江文荣, 周雯雯, 贾怀存. 2010. 世界海洋油气资源勘探潜力及利用前景. 天然气地球科学, 21(6): 989-995.

蒋李兵. 2006. 基于高分辨光学遥感图像的舰船目标检测方法研究. 长沙: 国防科学技术大学.

金秋, 张国忠. 2005. 世界海洋油气开发现状及前景展望. 国际石油经济, 13(3): 543-5544, 6857.

李德仁, 李熙. 2015. 论夜光遥感数据挖掘. 测绘学报, 44(6): 591-601.

李国强. 2014. 南海油气资源勘探开发的政策调适. 国际问题研究, (6): 104-115, 132.

李金蓉, 朱瑛, 方银霞. 2014. 南海南部油气资源勘探开发状况及对策建议. 海洋开发与管理, 31(4): 12-15.

李强, 苏奋振, 王雯玥. 2017. 基于 VIIRS 数据的油气平台提取技术研究. 地球信息科学学报, 19(3): 398-406.

李晓玮, 种劲松. 2007. 基于小波分解的 K-分布 SAR 图像舰船检测. 测试技术学报, 21(4): 350-354.

廖小健. 2005. 中国与文莱石油贸易与对策思考. 国际论坛, 7(5): 48-51, 80.

刘振湖. 2005. 南海南沙海域沉积盆地与油气分布. 大地构造与成矿学, 29(3): 410-417.

罗强, 罗莉, 任庆利, 等. 2002. 一种基于小波变换的卫星 SAR 海洋图像舰船目标检测方法. 兵工学报, 23(4): 500-503.

孟若琳, 邢前国. 2013. 基于可见光的海上船舶油井平台遥感检测. 计算机应用, 33(3): 708-711.

任怀锋. 2009. 论区域外大国介入与南海地区安全格局变动. 世界经济与政治论坛, 28(5): 61-69.

苏泳娴, 陈修治, 叶玉瑶, 等. 2013. 基于夜间灯光数据的中国能源消费碳排放特征及机理. 地理学报, 68(11): 1513-1526.

唐沐恩, 林挺强, 文贡坚. 2011. 遥感图像中舰船检测方法综述. 计算机应用研究, 28(1): 29-36.

田明辉, 万寿红, 岳丽华. 2008. 遥感图像中复杂海面背景下的海上舰船检测. 小型微型计算机系统, 29(11): 2162-2166.

万剑华, 姚盼盼, 孟俊敏, 等. 2014. 基于 SAR 影像的海上石油平台识别方法研究. 测绘通报, (1): 56-59.

万玲, 姚伯初, 曾维军, 等. 2006. 南海岩石圈结构与油气资源分布. 中国地质, 33(4): 874-884.

汪闽, 骆剑承, 明冬萍. 2005. 高分辨率遥感影像上基于形状特征的船舶提取. 武汉大学学报(信息科学版), 30(8): 685-688.

汪熙. 2012. 南海！南海！学术界, 167(4): 103-107.

王保云, 张荣, 袁圆, 等. 2011. 可见光遥感图像中舰船目标检测的多阶阈值分割方法. 中国科学技术大学学报, 41(4): 293-298.

王海运. 2013. 世界能源格局的新变化及其对中国能源安全的影响. 上海大学学报(社会科学版), 30(6): 1-11.

王鹤饶, 郑新奇, 袁涛. 2012. DMSP/OLS 数据应用研究综述. 地理科学进展, 31(1): 11-18.

王加胜. 2014. 南海航道安全空间综合评价研究. 南京: 南京大学.

王加胜, 刘永学, 李满春, 等. 2013. 基于 ENVISAT ASAR 的海洋钻井平台遥感检测方法——以越南东南海域为例. 地理研究, 32(11): 2143-2152.

王启, 丁一汇. 1997. 南海夏季风演变的气候学特征. 气象学报, 55(4): 466-483.

王世庆, 金亚秋. 2001. SAR 图像船行尾迹检测的 Radon 变换和形态学图像处理技术. 遥感学报, 5(4): 289-294.

王志邦, 孟振光, 郭柱国. 2013. 南海自然环境特点及其对航行安全的影响. 广州航海学院学报, (2): 23-26.

吴士存, 任怀锋. 2005. 我国的能源安全与南海争议区的油气开发. 中国海洋法学评论, 2: 24-30.

肖国林, 刘增洁. 2004. 南沙海域油气资源开发现状及我国对策建议. 国土资源情报, (9): 1-5.

杨眉, 王世新, 周艺, 等. 2011. DMSP/OLS 夜间灯光数据应用研究综述. 遥感技术与应用, 26(1): 45-51.

尤晓建, 徐守时, 侯蕾. 2005. 基于特征融合的可见光图像舰船检测新方法. 计算机工程与应用, 41(19): 199-202.

张春贺. 2005. 菲律宾油气产业的发展思路. 中国石油报[2005-6-27].

张东晓, 何四华, 杨绍清. 2009. 一种多尺度分形的舰船目标检测方法. 激光与红外, 39(3): 315-318.

张荷霞, 刘永学, 李满春, 等. 2013a. 南海中南部海域油气资源开发战略价值评价. 资源科学, (11): 2142-2150.

张荷霞, 刘永学, 李满春, 等. 2013b. 基于 JASON-1 资料的南海海域海面风、浪场特征分析. 地理与地理信息科学, 29(5): 53-57, 63.

赵焕庭, 王丽荣, 宋朝景. 2014. 南海珊瑚礁地貌模型研究. 海洋学报(中文版), 36 (9): 112-120.

赵赛帅, 孙超, 王海江, 等. 2017. 基于 Landsat 遥感影像的海上油气平台提取与监测. 热带地理,

37(1): 112-119.

赵英海, 吴秀清, 闻凌云, 等. 2008. 可见光遥感图像中舰船目标检测方法. 光电工程, 35(8): 102-106, 123.

种劲松, 朱敏慧. 2003. 高分辨率合成孔径雷达图像舰船检测方法. 测试技术学报, 17(1): 15-18.

周红建, 陈越, 王正志, 等. 2000. 应用 Radon 变换方法检测窄 V 形船舶航迹. 中国图象图形学报, 5A(11): 23901-27905.

朱格利. 2014. 南海海浪时空变率特征研究. 北京: 华北电力大学.

Alfian. 2009. Oil and gas sec to revenue still lower than expected. http: //www.thejakartapost.com/news.

An W T, Xie C H, Yuan X Z. 2014. An improved iterative censoring scheme for CFAR ship detection with SAR imagery. IEEE Transactions on Geoscience and Remote Sensing, 52(8): 4585-4595[2016-10-9].

Anejionu O C D, Blackburn G A, Whyatt J D. 2014. Satellite survey of gas flares: Development and application of a Landsat-based technique in the Niger Delta. International Journal of Remote Sensing, 35(5): 1900-1925.

Anejionu O C D, Blackburn G A, Whyatt J D. 2015. Detecting gas flares and estimating flaring volumes at individual flow stations using MODIS data. Remote Sensing of Environment, 158(4): 81-94.

Bakke T, Klungsøoyr J, Sanni S. 2013. Environmental impacts of produced water and drilling waste discharges from the norwegian offshore petroleum industry. Marine Environmental Research, 92(11): 154-169.

Bennie J, Davies T W, Duffy J P, et al. 2014. Contrasting trends in light pollution across Europe based on satellite observed night time lights. Scientific Reports, 4(3): 3789.

Board M, Board O S, Council N R, et al. 2003. Oil in the SeaIII: Inputs, Fates, and Effects. National Academies Press.

Bovik A, Huang T, Munson D. 1983. A generalization of median filtering using linear-combinations of order-statistics. IEEE Transactions on Acoustics Speech and Signal Processing, 31(6): 1342-1350.

BP. 2017. Statistical Review of World Energy. http: //www.bp.com/en/global/corporate/energy-economics/statistical-review-of-world-energy/downloads.Html[2017-12-10].

BSEE. 2017. Platform/Rig Information. https: //www. data. bsee. gov/[2017-4-3].

Burke C, Montevecchi W, Wiese F. 2012. Inadequate environmental monitoring around offshore oil and gas platforms on the Grand Bank of Eastern Canada: Are risks to marine birds known? Journal of Environmental Management, 104: 121-126.

Cao C, de Luccia F J, Xiong X, et al. 2014. Early on-orbit performance of the visible infrared imaging radiometer suite onboard the Suomi national polar-orbiting partnership (S-NPP) satellite. IEEE Transactions on Geoscience and Remote Sensing, 52(2): 1142-1156.

Casadio S, Arino O, Minchella A. 2012. Use of ATSR and SAR measurements for the monitoring and characterisation of night-time gas flaring from off-shore platforms: the North Sea test case. Remote Sensing of Environment, 123(8): 175-186.

Chen P, Wang J, Li D. 2011. Oil platform investigation by multi-temporal SAR remote sensing image. SAR Image Analysis, Modeling, and Techniques XI: 81790V.

Cheng L, Yang K, Tong L, et al. 2013. Invariant triangle-based stationary oil platform detection from multitemporal synthetic aperture radar data. Journal of Applied Remote Sensing, 7(1)73537: 302-309.

Cheng Y. 1995. Mean shift, mode seeking, and clustering. IEEE Transactions on Pattern Analysis and Machine Intelligence, 17(8): 790-799.

Cho K, Ito R, Shimoda H, et al. 1999. Fishing fleet lights and sea surface temperature distribution observed by DMSP/OLS sensor. International Journal of Remote Sensing, 20(1): 3-9.

Claisse J T, Pondella I D J, Love M, et al. 2014. Oil platforms off California are among the most productive marine fish habitats globally. Proceedings of the National Academy of Sciences of the United States of America, 111(43): 15462-15467.

Comaniciu D, Meer P. 2002. Mean shift: A robust approach toward feature space analysis. IEEE Transactions on Pattern Analysis and Machine Intelligence, 24(5): 603-619.

Copeland A, Ravichandran G, Trivedi M. 1995. Localized Radon transform-based detection of ship wakes in SAR images. IEEE Transactions on Geoscience and Remote Sensing, 33(1): 35-45.

Corbane C, Pecoul E, Demagistri L, et al. 2008. Fully automated procedure for ship detection using optical satellite imagery. SPIE Asia-Pacific Remote Sensing. Noumea, New Caledonia.

Corbane C, Petit M. 2008. Fully automated procedure for ship detection using optical satellite imagery. Proceedings of SPIE-The International Society for Optical Engineering: 7150.

Crane K, Galasso J, Brown C, et al. 2000. Northern ocean inventories of radionuclide contamination: GIS efforts to determine the past and present state of the environment in and adjacent to the Arctic. Marine Pollution Bulletin, 40(10): 853-868.

Croft T A. 1973. Burning waste gas in oil fields. Nature, 245(5425): 375-376.

Croft T A. 1978. Night time images of the earth from space. Scientific American, 239(1): 86-98.

de Colstoun E, Walthall C. 2006. Improving global scale land cover classifications with multi-directional POLDER data and a decision tree classifier. Remote Sensing of Environment, 100(4): 474-485.

Deng Z, Yu T, Shi S, et al. 2013. Numerical study of the oil spill trajectory in Bohai Sea, China. Marine Geodesy, 36(4): 351-364.

Doll C N H, Muller H J, Morley J G. 2006. Mapping regional economic activity from night-time light satellite imagery. Ecological Economics, 57(1): 75-92.

Doll C N H, Pachauri S. 2010. Estimating rural populations without access to electricity in developing countries through night-time light satellite imagery. Energy Policy, 38(10): 5661-5670.

EIA. 2013a. South China Sea. https: //www.eia.gov/beta/international/regions-topics.cfm?Region TopicID=SCS[2016-11-9].

EIA. 2013b. The South China Sea Is An Important World Energy Trade Route. https: //www.eia.gov/ todayinenergy/detail.php?id=10671[2016-11-10].

EIA. 2015. International Energy Statistics. https: //www.eia.gov/beta/international/data/browser [2017-6-13].

EIA. 2016. Offshore Production Nearly 30% of Global Crude Oil Output in 2015. https: //www.eia. gov/todayinenergy/detail.php?id=28492[2017-11-14].

Eldhuset K. 1996. An automatic ship and ship wake detection system for spaceborne SAR images in coastal regions. IEEE Transactions on Geoscience and Remote Sensing, 34(4): 1010-1019.

Elvidge C D, Baugh K, Dietz J, et al. 1999. Radiance calibration of DMSP-OLS low-light imaging data of human settlements. Remote Sensing of Environment, 68(1): 77-88.

Elvidge C D, Hsu F, Baugh K E, et al. 2014. National trends in satellite-observed lighting. Global Urban Monitoring and Assessment Through Earth Observation, 23: 97-118.

Elvidge C D, Zhizhin M, Baugh K, et al. 2016. Methods for global survey of natural gas flaring from visible infrared imaging radiometer suite data. Energies, 9(1): 14.

Elvidge C D, Ziskin D, Baugh K E, et al. 2009. A fifteen year record of global natural gas flaring derived from satellite data. Energies, 2(3): 595-622.

Esch T, Metz A, Marconcini M, et al. 2014. Combined use of multi-seasonal high and medium resolution satellite imagery for parcel-related mapping of cropland and grassland. International Journal of Applied Earth Observation and Geoinformation, 28(28): 230-237.

Fingas M, Brown C. 2014. Review of oil spill remote sensing. Marine Pollution Bulletin, 83(1): 9-23.

Foga S, Scaramuzza P L, Guo S, et al. 2017. Cloud detection algorithm comparison and validation for operational Landsat data products. Remote Sensing of Environment, 194: 379-390.

Gagnon L, Jouan A. 1997. Speckle filtering of SAR images-a comparative study between complex-wavelet-based and standard filters. Wavelet Applications in Signal and Image Processing V: 80-91.

Gens R, Vangenderen J. 1996. SAR interferometry-Issues, techniques, applications. International Journal of Remote Sensing, 17(10): 1803-1835.

Gomez C, White J C, Wulder M A. 2016. Optical remotely sensed time series data for land cover classification: a review. ISPRS Journal of Photogrammetry and Remote Sensing, 116: 55-72.

Goward S, Williams D. 1997. Landsat and earth systems science: Development of terrestrial monitoring. Photogrammetric Engineering and Remote Sensing, 63(7): 887-900.

Hansen M C, Loveland T R. 2012. A review of large area monitoring of land cover change using Landsat data. Remote Sensing of Environment, 122(SI): 66-74.

Holman R, Haller M C. 2013. Remote sensing of the nearshore. Annual Review of Marine Science, 5: 95-113.

Hsu F, Baugh K E, Ghosh T, et al. 2015. DMSP-OLS radiance calibrated nighttime lights time series with intercalibration. Remote Sensing, 7(2): 1855-1876.

Huang Q, Yang X, Gao B, et al. 2014. Application of DMSP/OLS nighttime light images: A meta-analysis and a systematic literature review. Remote Sensing, 6(8): 6844-6866.

IEA. 2012. World Energy Outlook. http: //www.iea.org/publications/freepublications/publication/ english. pdf[2015-4-7].

Irving W, Novak L, Willsky A. 1997. A multiresolution approach to discrimination in SAR imagery. IEEE Transactions on Aerospace and Electronic Systems, 33(4): 1157-1169.

Itti L, Koch C, Niebur E. 1998. A model of saliency-based visual attention for rapid scene analysis.

IEEE Transactions on Pattern Analysis and Machine Intelligence, 20(11): 1254-1259.

Ju J C, Roy D P. 2008. The availability of cloud-free Landsat ETM plus data over the conterminous United States and globally. Remote Sensing of Environment, 112(3): 1196-1211.

Kaiser M J, Pulsipher A G. 2003. The cost of explosive severance operations in the Gulf of Mexico. Ocean & Coastal Management, 46(6): 701-740.

Kaplan L. 2001. Improved SAR target detection via extended fractal features. IEEE Transactions on Aerospace and Electronic Systems, 37(2): 436-451.

Kiyofuji H, Saitoh S. 2004. Use of nighttime visible images to detect Japanese common squid todarodes pacificus fishing areas and potential migration routes in the Sea of Japan. Marine Ecology Progress Series, 276: 173-186.

Krieger G, Moreira A. 2006. Spaceborne bi- and multistatic SAR: Potential and challenges. IEEE Proceedings Radar Sonar and Navigation, 153(3): 184-198.

Lee D, Storey J, Choate M, et al. 2004. Four years of Landsat-7 on-orbit geometric calibration and performance. IEEE Transactions on Geoscience and Remote Sensing, 42(12): 2786-2795.

Lee Y, Fam A. 1987. An edge gradient enhancing adaptive order statistic filter. IEEE Transactions on Acoustics Speech and Signal Processing, 35(5): 680-695.

Leifer I, Lehr W J, Simecek-Beatty D, et al. 2012. State of the art satellite and airborne marine oil spill remote sensing: Application to the BP Deepwater Horizon oil spill. Remote Sensing of Environment, 124(9): 185-209.

Li X, Chen X, Zhao Y, et al. 2013. Automatic intercalibration of night-time light imagery using robust regression. Remote Sensing Letters, 4(1): 465-554.

Liu Y, Hu C, Sun C, et al. 2018a. Assessment of offshore oil/gas platform status in the northern Gulf of Mexico using multi-source satellite time-series images. Remote Sensing of Environment, 208: 63-81.

Liu Y, Hu C, Zhan W, et al. 2018b. Identifying industrial heat sources using time-series of the VIIRS night fire product with an object-oriented approach. Remote Sensing of Environment, 204: 347-365.

Liu Y, Sun C, Sun J, et al. 2016a. Satellite data lift the veil on offshore platforms in the South China Sea. Scientific Reports, 6: 33623.

Liu Y, Sun C, Yang Y, et al. 2016b. Automatic extraction of offshore platforms using time-series Landsat-8 operational land imager data. Remote Sensing of Environment, 175: 73-91.

Liu Z, He C, Zhang Q, et al. 2012. Extracting the dynamics of urban expansion in China using DMSP-OLS nighttime light data from 1992 to 2008. Landscape and Urban Planning, 106(1): 62-72.

Lo T, Leung H, Litva J, et al. 1993. Fractal characterisation of sea-scattered signals and detection of sea-surface targets. IEEE Proceedings-f Radar and Signal Processing, 140(4): 243-250.

Loveland T R, Dwyer J L. 2012. Landsat: Building a strong future. Remote Sensing of Environment, 122(S1): 22-29.

Matson M, Dozier J. 1981. Identification of subresolution high temperature sources using a thermal IR sensor. Photogrammetric Engineering and Remote Sensing, 47(9): 1311-1318.

Milesi C, Elvidge C D, Nemani R R, et al. 2003. Assessing the impact of urban land development on net primary productivity in the southeastern United States. Remote Sensing of Environment, 86(3): 401-410.

Morton B, Blackmore G. 2001. South China Sea. Marine Pollution Bulletin, 42(12): 1236-1263.

Muehlenbachs L, Cohen M A, Gerarden T. 2013. The impact of water depth on safety and environmental performance in offshore oil and gas production. Energy Policy, 55(4): 699-705.

Nara H, Tanimoto H, Tohjima Y, et al. 2014. Emissions of methane from offshore oil and gas platforms in Southeast Asia. Scientific Reports, 4: 6503.

Novak L, Halversen S, Owirka G, et al. 1997. Effects of polarization and resolution on SAR ATR. IEEE Transactions on Aerospace and Electronic Systems, 33(1): 102-116.

OSPAR. 2015. Inventory of Offshore Installations. https://odims.ospar.org/odims_data_files/[2017-9-20].

Paes R L, Lorenzzetti J A, Gherardi D F M. 2010. Ship detection using TerraSAR-X images in the Campos Basin (Brazil). IEEE Geoscience and Remote Sensing Letters, 7(3): 545-548.

Pahlevan N, Lee Z P, Wei J W, et al. 2014. On-orbit radiometric characterization of OLI (Landsat-8) for applications in aquatic remote sensing. Remote Sensing of Environment, 154(S1): 272-284.

Pandey B, Joshi P K, Seto K C. 2013. Monitoring urbanization dynamics in India using DMSP/OLS night time lights and SPOT-VGT data. International Journal of Applied Earth Observation and Geoinformation, 23(1): 49-61.

Pandey B, Zhang Q, Seto K C. 2017. Comparative evaluation of relative calibration methods for DMSP/OLS nighttime lights. Remote Sensing of Environment, 195: 67-78.

Pang S, Gong J. 2009. C5.0 classification algorithm and application on individual credit evaluation of banks. Systems Engineering Theory & Practice, 29(12): 94-104.

Patidar P, Gupta M, Srivastava S, et al. 2010. Image de-noising by various filters for different noise. International Journal of Computer Applications, 9(4): 24-28.

Pinder D. 2001. Offshore oil and gas: Global resource knowledge and technological change. Ocean & Coastal Management, 44(9): 579-600.

Portman M E. 2014. Visualization for planning and management of oceans and coasts. Ocean & Coastal Management, 98(98): 176-185.

Quinlan J R. 1987. Simplifying decision trees. International Journal of Man Machine Studies, 27(3): 221-234.

Rey M, Tunaley J, Folinsbee J, et al. 1990. Application of Radon transform techniques to wake detection in Seasat-A SAR images. IEEE Transactions on Geoscience and Remote Sensing, 28(4): 553-560.

Roberts J J, Best B D, Dunn D C, et al. 2010. Marine geospatial ecology tools: An integrated framework for ecological geoprocessing with ArcGIS, Python, R, MATLAB, and C++. Environmental Modelling & Software, 25(10): 1197-1207.

Robinson D, Jaidah M, Jabado R, et al. 2013. Whale sharks, Rhincodon typus, aggregate around offshore platforms in Qatari waters of the Arabian Gulf to feed on fish spawn. PLoS One, 8(3): e58255.

Rosenberg D, Chung C. 2008. Maritime security in the South China Sea: Coordinating coastal and user state priorities. Ocean Development and International Law, 39(1): 51-68.

Roy D P, Wulder M A, Loveland T R, et al. 2014. Landsat-8: Science and product vision for terrestrial global change research. Remote Sensing of Environment, 145: 154-172.

Sandrea I, Sandrea R. 2007. Growth expected in global offshore crude oil supply. Oil & Gas Journal, 105(10): 34.

Schrope M. 2010. The lost legacy of the last great oil spill. Nature, 466(7304): 304-305.

Schrope M. 2011. Oil spill: Deep wounds. Nature, 472(7342): 152-154.

Shimada M, Itoh T, Motooka T, et al. 2014. New global forest/non-forest maps from ALOS PALSAR data (2007—2010). Remote Sensing of Environment, 155(SI): 13-31.

Smyth K, Christie N, Burdon D, et al. 2015. Renewables-to-reefs?—Decommissioning options for the offshore wind power industry. Marine Pollution Bulletin, 90(1): 247-258.

Song Y H. 2008. The potential marine pollution threat from oil and gas development activities in the disputed South China Sea/spratly area: A role that taiwan can play. Ocean Development and International Law, 39(2): 150-177.

Stone R. 2010. Remote sensing earth-observation summit endorses global data sharing. Science, 330(6006): 902.

Storey J, Choate M, Lee K. 2014. Landsat 8 operational land imager on-orbit geometric calibration and performance. Remote Sensing, 6(11): 11127-11152.

Tang J, Deng C, Huang G, et al. 2015. Compressed-domain ship detection on spaceborne optical image using deep neural network and extreme learning machine. IEEE Transactions on Geoscience and Remote Sensing, 53(3): 1174-1185.

Tello M, Lopez-Martinez C, Mallorqui J J. 2005. A novel algorithm for ship detection in SAR imagery based on the wavelet transform. IEEE Geoscience and Remote Sensing Letters, 2(2): 201-205.

Terlizzi A, Bevilacqua S, Scuderi D, et al. 2008. Effects of offshore platforms on soft-bottom macro-benthic assemblages: A case study in a Mediterranean gas field. Marine Pollution Bulletin, 56(7): 1303-1309.

USGS. 2016. Landsat Collections. https: //landsat. usgs. gov/landsat-collections[2016-6-14].

Vachon P. 1997. Ship detection by the RADARSAT SAR: Validation of detection model prediction. Canadian Journal of Remote Sensing, 23(1): 48-59.

Wackerman C, Friedman K, Pichel W, et al. 2001. Automatic detection of ships in RADARSAT-1 SAR imagery. Canadian Journal of Remote Sensing, 27(5): 568-577.

Waluda C M, Griffiths H J, Rodhouse P G. 2008. Remotely sensed spatial dynamics of the *Illex argentinus* fishery, Southwest Atlantic. Fisheries Research, 91(2-3): 196-202.

Waluda C M, Yamashiro C, Elvidge C D, et al. 2004. Quantifying light-fishing for *Dosidicus gigas* in the eastern Pacific using satellite remote sensing. Remote Sensing of Environment, 91(2): 129-133.

Wang J, Li M, Liu Y, et al. 2014. Safety assessment of shipping routes in the South China Sea based on the fuzzy analytic hierarchy process. Safety Science, 62(2): 46-57.

Wei Y, Liu H, Song W, et al. 2014. Normalization of time series DMSP-OLS nighttime light images for urban growth analysis with Pseudo Invariant Features. Landscape and Urban Planning, 128: 1-13.

Woodcock C E, Allen R, Anderson M, et al. 2008. Free access to Landsat imagery. Science, 320(5879): 1011.

Wu J, He S, Peng J, et al. 2013. Intercalibration of DMSP-OLS night-time light data by the invariant region method. International Journal of Remote Sensing, 34(20): 7356-7368.

Wulder M A, Masek J G, Cohen W B, et al. 2012. Opening the archive: How free data has enabled the science and monitoring promise of Landsat. Remote Sensing of Environment, 122(S1): 2-10.

Xing Q, Meng R, Lou M, et al. 2015. Remote sensing of ships and offshore oil platforms and mapping the marine oil spill risk source in the Bohai Sea. Aquatic Procedia, 3: 127-132.

You J, Pei Z Y. 2015. Error modeling based on geostatistics for uncertainty analysis in crop mapping using Gaofen-1 multispectral imagery. Journal of Applied Remote Sensing, 9(1): 097096.

Zhang Q, Pandey B, Seto K C. 2016. A robust method to generate a consistent time series from DMSP/OLS nighttime light data. IEEE Transactions on Geoscience and Remote Sensing, 54(10): 5821-5831.

Zhu C, Zhou H, Wang R, et al. 2010. A novel hierarchical method of ship detection from spaceborne optical image based on shape and texture features. IEEE Transactions on Geoscience and Remote Sensing, 48(9): 3446-3456.

附　录

附图 1　南海几种常见的海洋油气开发平台

（a）和（b）为建有停机坪和焚烧架的小型平台；（c）和（d）为伴生天然气焚烧的中型平台；（e）为多个小型平台连接组成的大型复合式平台；（f）为浮式生产储油装置 FPSO

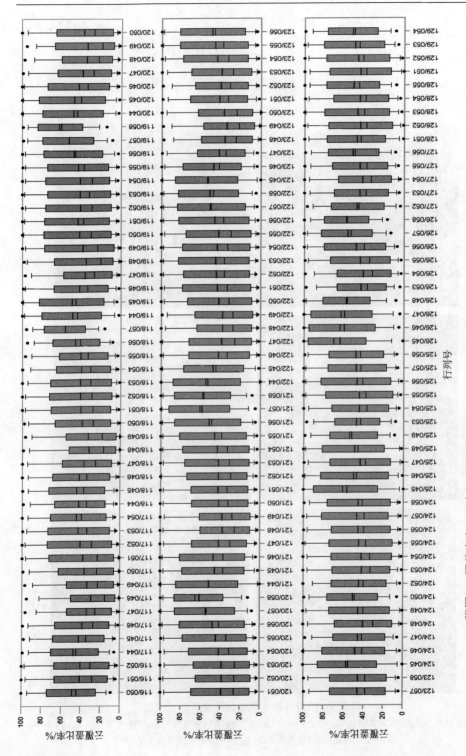

附图 2　覆盖南海 150 个行/带的光学影像（Landsat TM/ETM+/OLI）云覆盖百分比分布

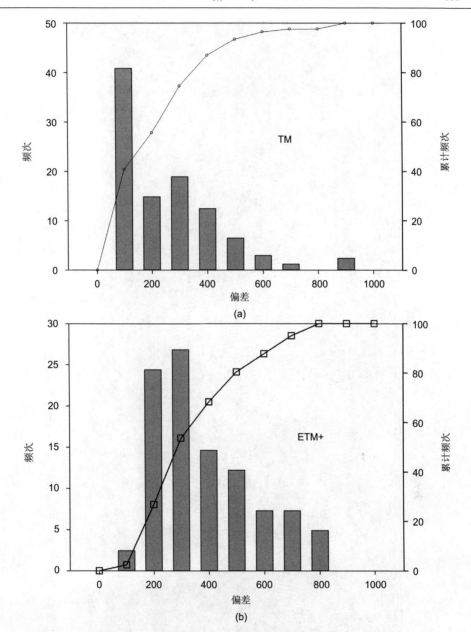

附图 3　泰国湾区域的 Landsat-4/5/7 TM/ETM+时间序列影像的空间定位偏差分布

（a）为 Landsat-4/5 TM 时间序列影像的定位偏差，直方图统计了来自 9 个行/带的 170 景影像；（b）为 Landsat-7
ETM+时间序列影像的定位偏差，直方图统计了来自 5 个行/带的 42 景影像（空间定位偏差通过对比 Landsat-4/5 TM、
Landsat-7 ETM+与对应的 Landsat-8 OLI 影像上的相同海洋油气开发平台位置计算）

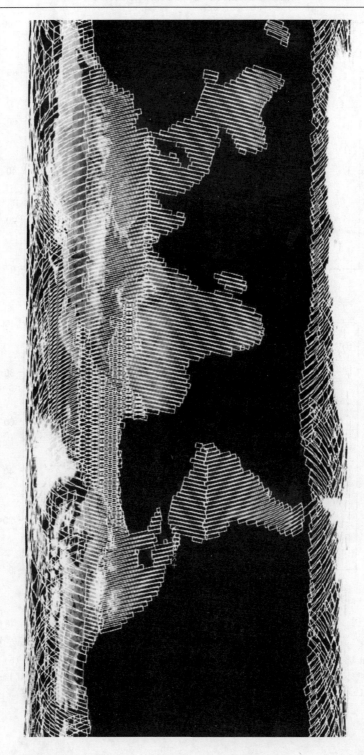

附图 4　欧洲空间局（European Space Agency, ESA）公布的 Sentinel 系列数据的地理覆盖范围

附表1　1992～2016年南海海上油气开发平台状态属性汇总

ID	建设国家	当前状态	主要任务	建立时间	移除时间	模拟大小/m²	平台类型	作业水深/m	离岸距离/km
1	马来西亚	现存	天然气	2002	—	530.22	小型平台	−26	17.31
2	马来西亚	移除	天然气	2007	2009	48.69	小型平台	−27	18.45
3	马来西亚	现存	天然气	1992	—	5941.17	大型平台	−27	18.23
4	马来西亚	现存	天然气	2007	—	396.69	小型平台	−27	19.01
5	马来西亚	现存	天然气	1992	—	1020.28	小型平台	−28	18.56
6	马来西亚	现存	天然气	2002	—	471.89	小型平台	−26	17.18
7	马来西亚	现存	天然气	1992	—	1958.91	中型平台	−24	16.24
8	马来西亚	现存	天然气	2001	—	549.31	小型平台	−26	17.66
9	马来西亚	现存	石油	2007	—	331.67	小型平台	−25	16.84
10	马来西亚	现存	石油	2013	—	151.98	小型平台	−13	7.91
11	马来西亚	移除	—	2014	2015	151.98	小型平台	−13	7.86
12	马来西亚	现存	—	2014	—	132.70	小型平台	−13	7.63
13	马来西亚	现存	—	2014	—	151.98	小型平台	−17	10.10
14	马来西亚	现存	—	2014	—	142.66	小型平台	−13	7.53
15	马来西亚	现存	—	2014	—	242.74	小型平台	−19	12.74
16	马来西亚	现存	石油	2000	—	328.56	小型平台	−17	8.29
17	马来西亚	现存	石油	2008	—	1102.54	小型平台	−29	26.96
18	马来西亚	现存	石油	2012	—	2046.58	中型平台	−30	31.13
19	马来西亚	现存	石油	2013	—	151.98	小型平台	−30	31.24
20	马来西亚	现存	石油	2008	—	2342.49	中型平台	−29	27.62
21	马来西亚	现存	石油	1999	—	790.20	小型平台	−22	9.62
22	马来西亚	待定	—	—	—	—	—	—	—
23	马来西亚	现存	石油	2011	—	708.88	小型平台	−28	38.28
24	马来西亚	移除	石油	2007	2009	374.04	小型平台	−24	48.63
25	马来西亚	现存	天然气	1992	—	7582.96	大型平台	−24	48.82
26	马来西亚	现存	天然气	2000	—	1161.59	小型平台	−25	49.05
27	马来西亚	现存	天然气	1992	—	1335.32	小型平台	−24	50.94
28	马来西亚	现存	天然气	1994	—	992.96	小型平台	−25	49.54
29	马来西亚	现存	石油	2012	—	402.40	小型平台	−25	48.54
30	马来西亚	现存	天然气	2013	—	993.12	小型平台	−27	47.02
31	马来西亚	移除	石油	2009	2014	414.99	小型平台	−38	40.32
32	马来西亚	现存	石油	2005	—	3750.81	中型平台	−39	41.69
33	马来西亚	现存	石油	2005	—	2983.44	中型平台	−38	41.46
34	马来西亚	待定	—	—	—	—	—	—	—

续表

ID	建设国家	当前状态	主要任务	建立时间	移除时间	模拟大小/m²	平台类型	作业水深/m	离岸距离/km
35	马来西亚	移除	石油	2007	2008	293.32	小型平台	−40	43.19
36	马来西亚	现存	石油	2005	—	361.14	小型平台	−40	43.35
37	马来西亚	现存	天然气	2013	—	1744.56	中型平台	−25	33.86
38	马来西亚	现存	石油	1996	—	555.43	小型平台	−24	66.67
39	马来西亚	现存	石油	1994	—	5678.70	FPSO	−24	65.74
40	马来西亚	现存	石油	1999	—	557.02	小型平台	−24	67.25
41	马来西亚	现存	石油	2012	—	1672.75	中型平台	−24	58.11
42	马来西亚	现存	石油	2009	—	1376.47	小型平台	−30	56.94
43	马来西亚	现存	天然气	2012	—	1008.57	小型平台	−28	79.61
44	马来西亚	现存	天然气	2013	—	1065.48	小型平台	−34	82.91
45	马来西亚	现存	石油	2011	—	2672.53	中型平台	−40	86.87
46	马来西亚	现存	天然气	2008	—	2220.68	中型平台	−56	100.64
47	马来西亚	现存	石油	1994	—	18391.31	大型平台	−44	92.33
48	马来西亚	现存	石油	2001	—	2877.12	中型平台	−46	92.91
49	马来西亚	移除	天然气	2008	2009	3538.05	中型平台	−42	90.05
50	马来西亚	现存	石油	2005	—	211.74	小型平台	−46	96.04
51	马来西亚	现存	石油	2009	—	3223.98	中型平台	−40	92.34
52	马来西亚	现存	石油	2013	—	1181.55	小型平台	−63	96.91
53	马来西亚	现存	石油	2013	—	1695.74	中型平台	−53	101.36
54	马来西亚	现存	天然气	2013	—	2264.77	中型平台	−37	94.82
55	马来西亚	现存	天然气	2013	—	1020.85	小型平台	−59	123.87
56	马来西亚	现存	天然气	2012	—	889.60	小型平台	−65	131.91
57	印度尼西亚	移除	石油	2001	2009	1573.33	小型平台	−79	74.62
58	马来西亚	现存	天然气	2005	—	2944.28	中型平台	−84	122.86
59	印度尼西亚	移除	石油	1992	2008	504.91	小型平台	−71	76.85
60	印度尼西亚	现存	石油	2005	—	689.90	小型平台	−71	76.70
61	印度尼西亚	移除	石油	1996	2004	3504.52	中型平台	−69	125.94
62	印度尼西亚	待定	—	—	—	—	—	—	—
63	印度尼西亚	现存	石油	1992	—	2921.37	中型平台	−78	77.44
64	印度尼西亚	现存	石油	2000	—	1086.55	小型平台	−15	61.23
65	马来西亚	现存	—	2014	—	8129.40	FPSO	−70	146.40
66	马来西亚	现存	天然气	2012	—	920.62	小型平台	−70	146.75
67	印度尼西亚	现存	石油	2001	—	1973.12	中型平台	−70	136.04
68	印度尼西亚	现存	石油	2004	—	2289.92	中型平台	−88	87.72
69	印度尼西亚	现存	石油	2000	—	4287.45	FPSO	−69	133.77

续表

ID	建设国家	当前状态	主要任务	建立时间	移除时间	模拟大小/m²	平台类型	作业水深/m	离岸距离/km
70	印度尼西亚	移除	石油	2004	2006	434.18	小型平台	−89	88.22
71	印度尼西亚	现存	石油	2005	—	12654.43	FPSO	−89	88.48
72	马来西亚	现存	天然气	1992	—	1091.70	小型平台	−27	14.01
73	印度尼西亚	移除	天然气	2001	2009	4430.73	中型平台	−72	124.43
74	马来西亚	现存	天然气	2013	—	415.34	小型平台	−27	14.62
75	印度尼西亚	现存	石油	1992	—	21459.74	大型平台	−70	136.10
76	印度尼西亚	现存	石油	2005	—	2240.82	中型平台	−91	90.21
77	马来西亚	现存	石油	2008	—	2265.52	中型平台	−73	107.88
78	马来西亚	现存	石油	2002	—	2739.32	中型平台	−73	99.10
79	马来西亚	现存	石油	2000	—	2341.12	中型平台	−74	101.89
80	马来西亚	现存	石油	2006	—	406.53	小型平台	−73	104.58
81	马来西亚	移除	石油	2007	2009	186.03	小型平台	−73	104.74
82	马来西亚	现存	石油	1994	—	19427.93	大型平台	−73	105.32
83	马来西亚	现存	石油	2009	—	5002.39	中型平台	−75	159.64
84	马来西亚	现存	石油	2007	—	180.00	小型平台	−44	26.75
85	马来西亚	现存	石油	2001	—	252.07	小型平台	−43	26.48
86	马来西亚	现存	石油	2000	—	283.57	小型平台	−44	26.96
87	马来西亚	现存	石油	2008	—	384.65	小型平台	−18	7.91
88	马来西亚	待定	—	—	—	—	—	—	—
89	马来西亚	现存	石油	1992	—	6129.79	大型平台	−44	26.40
90	马来西亚	现存	石油	1999	—	1248.08	小型平台	−44	26.82
91	马来西亚	现存	石油	2013	—	480.74	小型平台	−16	6.09
92	马来西亚	现存	石油	1996	—	2730.29	中型平台	−44	25.91
93	马来西亚	现存	石油	1997	—	464.20	小型平台	−46	27.32
94	马来西亚	现存	石油	2001	—	455.00	小型平台	−46	27.47
95	马来西亚	现存	石油	1993	—	2725.95	中型平台	−45	26.80
96	马来西亚	现存	石油	2007	—	598.96	小型平台	−45	26.37
97	马来西亚	现存	天然气	2005	—	3225.29	中型平台	−72	110.10
98	马来西亚	待定	—	—	—	—	—	—	—
99	马来西亚	现存	天然气	1999	—	770.36	小型平台	−27	10.15
100	马来西亚	现存	石油	2008	—	3314.70	中型平台	−71	109.26
101	印度尼西亚	现存	石油	2006	—	5891.97	大型平台	−80	106.17
102	马来西亚	现存	石油	2010	—	2298.75	中型平台	−79	172.14
103	马来西亚	移除	石油	2000	2005	95.73	小型平台	−18	5.64
104	马来西亚	现存	天然气	1992	—	2222.80	中型平台	−31	10.05

续表

ID	建设国家	当前状态	主要任务	建立时间	移除时间	模拟大小/m²	平台类型	作业水深/m	离岸距离/km
105	马来西亚	移除	石油	2000	2004	77.19	小型平台	−17	5.37
106	马来西亚	现存	天然气	1996	—	327.75	小型平台	−28	9.67
107	马来西亚	现存	石油	2007	—	238.43	小型平台	−31	9.97
108	马来西亚	现存	—	2015	—	500.95	小型平台	−28	9.26
109	马来西亚	现存	天然气	1992	—	7073.07	大型平台	−25	8.60
110	马来西亚	现存	天然气	2005	—	278.59	小型平台	−25	8.34
111	马来西亚	现存	天然气	1994	—	465.47	小型平台	−22	7.37
112	印度尼西亚	现存	天然气	2001	—	425.88	小型平台	−68	40.56
113	马来西亚	现存	天然气	2008	—	1926.02	中型平台	−77	93.25
114	马来西亚	现存	天然气	1993	—	2549.59	中型平台	−63	39.22
115	马来西亚	现存	天然气	1994	—	406.15	小型平台	−63	38.28
116	马来西亚	现存	天然气	1992	—	1446.41	小型平台	−63	37.90
117	马来西亚	现存	天然气	1992	—	9160.38	FPSO	−63	38.45
118	马来西亚	现存	天然气	2011	—	2704.45	中型平台	−76	171.48
119	马来西亚	现存	—	2014	—	299.32	小型平台	−49	15.35
120	马来西亚	现存	—	2015	—	312.42	小型平台	−49	15.19
121	马来西亚	现存	石油	1996	—	1536.11	小型平台	−49	15.84
122	印度尼西亚	现存	天然气	2008	—	106.23	小型平台	−95	129.29
123	马来西亚	现存	—	2015	—	3505.10	中型平台	−60	20.34
124	马来西亚	现存	天然气	1992	—	4480.41	中型平台	−69	36.42
125	马来西亚	现存	天然气	1994	—	407.93	小型平台	−69	36.03
126	文莱	现存	石油	2007	—	355.24	小型平台	−10	5.75
127	马来西亚	现存	—	2014	—	1469.65	小型平台	−72	39.39
128	文莱	现存	石油	1992	—	5135.41	中型平台	−12	6.10
129	马来西亚	移除	天然气	2007	2016	523.88	小型平台	−80	158.47
130	文莱	移除	石油	2007	2009	75.97	小型平台	−14	7.36
131	马来西亚	现存	天然气	1992	—	11864.68	大型平台	−80	159.08
132	文莱	现存	石油	2001	—	376.18	小型平台	−14	7.50
133	马来西亚	待定	—	—	—	—	—	—	—
134	文莱	移除	—	2015	2015	160.99	小型平台	−16	8.15
135	文莱	现存	石油	1993	—	1009.52	小型平台	−16	8.41
136	文莱	现存	石油	1992	—	1439.73	小型平台	−16	8.54
137	文莱	现存	石油	2012	—	262.53	小型平台	−16	8.57
138	文莱	移除	石油	1995	1996	1757.90	中型平台	−16	8.95
139	文莱	现存	石油	2013	—	218.77	小型平台	−18	8.85

续表

ID	建设国家	当前状态	主要任务	建立时间	移除时间	模拟大小/m²	平台类型	作业水深/m	离岸距离/km
140	文莱	现存	石油	1992	—	1779.28	中型平台	−18	8.96
141	马来西亚	现存	石油	1992	—	10635.85	大型平台	−62	15.79
142	文莱	现存	—	2014	—	392.12	小型平台	−18	9.35
143	马来西亚	移除	石油	2006	2007	387.87	小型平台	−52	13.19
144	马来西亚	现存	石油	2005	—	1352.17	小型平台	−52	13.30
145	马来西亚	现存	石油	1994	—	501.18	小型平台	−63	16.34
146	文莱	现存	石油	2001	—	1134.62	小型平台	−20	9.88
147	文莱	现存	石油	1992	—	16900.63	大型平台	−20	9.99
148	马来西亚	现存	石油	2012	—	537.77	小型平台	−63	16.98
149	文莱	现存	石油	2013	—	306.30	小型平台	−20	10.04
150	文莱	现存	石油	2004	—	1838.16	中型平台	−19	10.22
151	马来西亚	现存	石油	1994	—	696.15	小型平台	−30	11.21
152	文莱	现存	石油	2007	—	304.15	小型平台	−21	10.30
153	文莱	现存	石油	1992	—	6554.15	大型平台	−22	10.58
154	文莱	待定	—	—	—	—	—	—	—
155	马来西亚	现存	石油	2001	—	492.55	小型平台	−37	12.08
156	马来西亚	现存	石油	1994	—	1700.87	中型平台	−30	11.34
157	马来西亚	现存	石油	2007	—	179.97	小型平台	−30	12.02
158	马来西亚	现存	石油	1993	—	17647.68	大型平台	−37	12.41
159	文莱	现存	石油	1992	—	7303.63	大型平台	−24	12.07
160	马来西亚	移除	石油	1996	2009	294.89	小型平台	−84	146.26
161	文莱	现存	石油	1992	—	630.47	小型平台	−25	12.20
162	文莱	现存	石油	2013	—	315.92	小型平台	−25	12.47
163	文莱	现存	石油	2000	—	323.49	小型平台	−18	9.96
164	马来西亚	现存	天然气	1996	—	10245.85	大型平台	−84	146.84
165	文莱	现存	天然气	1996	—	1695.28	中型平台	−19	10.79
166	文莱	移除	石油	1995	1997	123.90	小型平台	−26	12.84
167	马来西亚	现存	天然气	2010	—	2081.44	中型平台	−88	127.47
168	马来西亚	现存	石油	1992	—	631.42	小型平台	−32	12.98
169	马来西亚	现存	石油	2007	—	432.83	小型平台	−35	13.29
170	马来西亚	现存	石油	1994	—	1659.01	中型平台	−40	13.72
171	文莱	现存	石油	2007	—	281.58	小型平台	−29	14.44
172	文莱	现存	石油	1992	—	2132.21	中型平台	−30	14.43
173	马来西亚	现存	天然气	2001	—	270.31	小型平台	−72	29.23
174	文莱	现存	石油	1992	—	1829.58	中型平台	−30	15.55

续表

ID	建设国家	当前状态	主要任务	建立时间	移除时间	模拟大小/m²	平台类型	作业水深/m	离岸距离/km
175	文莱	现存	石油	1992	—	506.25	小型平台	−33	15.37
176	文莱	现存	—	2015	—	318.00	小型平台	−29	15.91
177	文莱	现存	石油	2013	—	231.07	小型平台	−30	15.88
178	马来西亚	现存	石油	2004	—	7840.23	大型平台	−96	97.41
179	文莱	现存	石油	2001	—	366.46	小型平台	−31	16.46
180	马来西亚	现存	天然气	2007	—	591.57	小型平台	−72	30.56
181	马来西亚	现存	天然气	1993	—	16110.29	大型平台	−73	31.63
182	马来西亚	现存	天然气	1993	—	5104.14	中型平台	−72	30.16
183	文莱	现存	石油	2001	—	194.27	小型平台	−32	17.05
184	马来西亚	现存	—	2016	—	402.51	小型平台	−74	31.81
185	马来西亚	待定	—	—	—	—	—	—	—
186	文莱	移除	石油	1994	2009	172.89	小型平台	−29	17.34
187	文莱	现存	石油	1992	—	1896.07	中型平台	−37	17.08
188	马来西亚	现存	天然气	2001	—	171.40	小型平台	−73	30.53
189	文莱	现存	石油	2006	—	722.58	小型平台	−32	17.42
190	马来西亚	现存	天然气	2001	—	290.48	小型平台	−71	29.09
191	马来西亚	现存	天然气	2001	—	292.56	小型平台	−71	29.48
192	文莱	现存	石油	2013	—	415.73	小型平台	−38	17.37
193	文莱	现存	石油	2007	—	310.79	小型平台	−36	17.47
194	文莱	现存	石油	1997	—	875.98	小型平台	−34	17.60
195	文莱	现存	石油	2013	—	256.16	小型平台	−33	17.68
196	马来西亚	现存	天然气	2001	—	251.75	小型平台	−74	31.45
197	文莱	现存	石油	1992	—	2864.66	中型平台	−35	18.23
198	文莱	现存	石油	2000	—	192.40	小型平台	−31	18.58
199	文莱	移除	石油	2007	2008	256.10	小型平台	−33	18.69
200	文莱	现存	石油	2007	—	150.50	小型平台	−37	18.70
201	文莱	现存	石油	1992	—	14002.07	大型平台	−34	18.98
202	文莱	现存	石油	1992	—	4253.04	中型平台	−40	19.09
203	文莱	待定	—	—	—	—	—	—	—
204	文莱	现存	石油	1992	—	1317.92	小型平台	−35	20.15
205	文莱	现存	石油	1992	—	896.89	小型平台	−38	19.96
206	文莱	现存	石油	2011	—	662.18	小型平台	−21	11.45
207	文莱	现存	石油	2000	—	278.36	小型平台	−39	20.52
208	马来西亚	移除	石油	2001	2009	1004.91	小型平台	−76	148.65
209	马来西亚	现存	—	2015	—	1423.09	小型平台	−87	53.14

续表

ID	建设国家	当前状态	主要任务	建立时间	移除时间	模拟大小/m²	平台类型	作业水深/m	离岸距离/km
210	马来西亚	现存	天然气	2001	—	5864.65	大型平台	−90	59.58
211	文莱	现存	天然气	2009	—	804.72	小型平台	−15	8.11
212	文莱	现存	石油	2007	—	357.33	小型平台	−67	22.13
213	文莱	现存	天然气	2002	—	445.69	小型平台	−67	22.43
214	马来西亚	现存	石油	2010	—	2125.14	中型平台	−88	170.66
215	文莱	现存	天然气	1992	—	1495.88	小型平台	−67	22.57
216	文莱	现存	天然气	2006	—	408.50	小型平台	−66	23.03
217	马来西亚	移除	石油	1999	2009	10066.06	FPSO	−76	148.71
218	文莱	现存	天然气	2007	—	440.33	小型平台	−67	23.78
219	文莱	现存	天然气	1992	—	829.26	小型平台	−24	16.21
220	文莱	现存	石油	1992	—	1689.17	中型平台	−68	26.16
221	文莱	现存	—	2014	—	161.30	小型平台	−68	26.57
222	文莱	现存	石油	2012	—	1973.44	中型平台	−15	8.46
223	文莱	现存	—	2014	—	308.96	小型平台	−68	26.58
224	马来西亚	移除	石油	2000	2009	811.43	小型平台	−74	158.27
225	文莱	现存	石油	2001	—	522.11	小型平台	−72	35.91
226	文莱	现存	天然气	1992	—	2694.15	中型平台	−70	36.71
227	文莱	现存	—	2014	—	494.20	小型平台	−72	37.29
228	文莱	现存	石油	2006	—	155.30	小型平台	−75	38.82
229	文莱	现存	天然气	2013	—	529.96	小型平台	−15	31.60
230	文莱	移除	石油	2007	2009	180.13	小型平台	−75	38.82
231	文莱	现存	石油	1992	—	12999.50	大型平台	−75	38.80
232	文莱	现存	石油	1992	—	1823.40	中型平台	−77	39.19
233	文莱	现存	石油	2001	—	201.49	小型平台	−78	40.78
234	马来西亚	现存	天然气	2013	—	2446.12	中型平台	−71	165.06
235	文莱	现存	石油	2003	—	1748.56	中型平台	−71	43.22
236	文莱	移除	—	2015	2015	883.78	小型平台	−15	9.84
237	文莱	现存	石油	1993	—	2279.21	中型平台	−81	45.45
238	文莱	现存	天然气	1992	—	824.57	小型平台	−23	23.82
239	文莱	现存	石油	2008	—	2901.11	中型平台	−38	35.10
240	马来西亚	移除	石油	2000	2009	748.43	小型平台	−71	153.71
241	文莱	现存	石油	1995	—	8666.84	大型平台	−8	6.77
242	印度尼西亚	现存	石油	1992	—	13922.37	大型平台	−89	172.86
243	马来西亚	移除	石油	2001	2009	1592.39	小型平台	−69	147.31
244	文莱	现存	天然气	1992	—	1155.39	小型平台	−44	36.62

续表

ID	建设国家	当前状态	主要任务	建立时间	移除时间	模拟大小/m²	平台类型	作业水深/m	离岸距离/km
245	马来西亚	待定	—	—	—	—	—	—	—
246	文莱	移除	—	2015	2015	151.98	小型平台	−20	5.73
247	马来西亚	待定	—	—	—	—	—	—	—
248	文莱	移除	石油	2006	2010	124.01	小型平台	−45	37.70
249	文莱	现存	天然气	1992	—	3756.75	中型平台	−47	38.16
250	马来西亚	移除	天然气	2012	2015	9983.29	大型平台	−29	19.41
251	马来西亚	现存	天然气	2012	—	3590.75	FPSO	−27	9.80
252	文莱	现存	天然气	2012	—	1428.80	小型平台	−85	48.53
253	文莱	现存	天然气	1992	—	773.77	小型平台	−49	39.53
254	马来西亚	待定	—	—	—	—	—	—	—
255	马来西亚	移除	天然气	2012	2015	3381.97	中型平台	−28	17.69
256	马来西亚	移除	—	2015	2015	387.14	小型平台	−28	17.50
257	印度尼西亚	现存	石油	1995	—	3140.62	中型平台	−86	176.93
258	文莱	现存	石油	2009	—	2774.11	中型平台	−15	29.33
259	马来西亚	移除	天然气	2010	2016	2491.88	FPSO	−28	9.87
260	马来西亚	现存	天然气	2012	—	1505.29	小型平台	−29	12.34
261	马来西亚	移除	天然气	2013	2016	9295.45	大型平台	−27	16.94
262	马来西亚	移除	石油	2011	2014	3660.81	FPSO	−27	16.54
263	马来西亚	现存	石油	2009	—	4140.87	FPSO	−28	14.80
264	马来西亚	移除	天然气	2011	2016	1555.54	小型平台	−28	11.50
265	马来西亚	移除	天然气	2012	2016	1043.68	小型平台	−25	7.79
266	马来西亚	移除	天然气	2011	2015	2707.24	中型平台	−26	14.76
267	马来西亚	现存	天然气	2011	—	2612.85	FPSO	−27	10.18
268	马来西亚	移除	石油	2009	2012	228.68	小型平台	−26	8.85
269	马来西亚	现存	天然气	2013	—	2592.54	FPSO	−26	13.68
270	马来西亚	现存	天然气	2009	—	737.21	小型平台	−27	12.51
271	马来西亚	移除	天然气	1995	2000	1785.79	中型平台	−24	12.44
272	文莱	现存	天然气	1998	—	2220.60	中型平台	−27	31.96
273	马来西亚	移除	石油	1999	2006	5352.94	大型平台	−25	13.52
274	马来西亚	移除	石油	1994	1995	164.81	小型平台	−24	14.45
275	文莱	现存	石油	2007	—	466.64	小型平台	−15	25.83
276	文莱	现存	石油	2002	—	504.26	小型平台	−13	24.99
277	马来西亚	移除	石油	1992	1994	771.80	小型平台	−24	14.06
278	印度尼西亚	现存	石油	1995	—	1885.15	中型平台	−89	181.93
279	马来西亚	移除	石油	2003	2006	2084.91	中型平台	−24	13.11

续表

ID	建设国家	当前状态	主要任务	建立时间	移除时间	模拟大小/m²	平台类型	作业水深/m	离岸距离/km
280	文莱	现存	石油	2013	—	1439.10	小型平台	−16	26.83
281	马来西亚	现存	天然气	2011	—	2589.09	FPSO	−26	10.84
282	马来西亚	移除	—	2015	2015	295.10	小型平台	−25	8.28
283	文莱	现存	石油	2007	—	702.09	小型平台	−14	26.76
284	马来西亚	移除	天然气	1997	2002	3653.34	中型平台	−23	11.05
285	文莱	现存	石油	1992	—	750.36	小型平台	−16	27.60
286	文莱	现存	石油	2002	—	375.32	小型平台	−14	26.99
287	文莱	现存	天然气	2013	—	1678.21	中型平台	−88	54.67
288	文莱	待定	—	—	—	—	—	—	—
289	文莱	现存	石油	1992	—	1150.55	小型平台	−18	28.26
290	文莱	现存	石油	2002	—	229.35	小型平台	−13	27.53
291	马来西亚	移除	石油	2008	2011	124.40	小型平台	−22	12.77
292	文莱	现存	—	2015	—	1515.62	小型平台	−13	27.53
293	文莱	现存	石油	1992	—	2004.62	中型平台	−15	28.09
294	马来西亚	待定	—	—	—	—	—	—	—
295	马来西亚	移除	天然气	2012	2013	258.55	小型平台	−20	12.33
296	马来西亚	现存	石油	1995	—	9947.29	FPSO	−113	236.23
297	马来西亚	移除	石油	2013	2015	151.98	小型平台	−20	11.50
298	文莱	现存	—	2015	—	1310.93	小型平台	−11	28.05
299	马来西亚	移除	石油	1997	2001	681.11	小型平台	−113	236.30
300	文莱	现存	石油	1992	—	845.07	小型平台	−14	29.03
301	文莱	现存	石油	2013	—	5024.45	中型平台	−11	28.69
302	文莱	现存	石油	2007	—	318.83	小型平台	−10	28.15
303	马来西亚	现存	石油	1992	—	14853.47	大型平台	−71	200.81
304	马来西亚	移除	石油	1996	2011	1507.17	小型平台	−71	196.26
305	文莱	现存	石油	1994	—	4395.14	中型平台	−17	29.51
306	文莱	现存	石油	1992	—	1927.70	中型平台	−11	28.75
307	文莱	现存	石油	2007	—	442.33	小型平台	−9	27.84
308	文莱	现存	石油	2007	—	380.76	小型平台	−13	29.54
309	印度尼西亚	移除	石油	1995	2009	3332.90	FPSO	−88	186.89
310	文莱	现存	石油	2011	—	1351.44	小型平台	−9	28.66
311	文莱	现存	石油	2002	—	476.11	小型平台	−8	28.48
312	文莱	现存	石油	2007	—	134.84	小型平台	−19	30.50
313	马来西亚	移除	石油	1998	2009	1253.22	小型平台	−74	205.37
314	文莱	现存	石油	1992	—	1054.87	小型平台	−10	29.54

续表

ID	建设国家	当前状态	主要任务	建立时间	移除时间	模拟大小/m²	平台类型	作业水深/m	离岸距离/km
315	印度尼西亚	现存	石油	1992	—	6561.18	大型平台	−87	188.03
316	文莱	现存	石油	1992	—	794.87	小型平台	−16	30.69
317	文莱	现存	石油	1992	—	50386.24	大型平台	−13	30.41
318	文莱	现存	石油	2009	—	1479.03	小型平台	−49	37.45
319	文莱	现存	石油	1992	—	773.78	小型平台	−13	30.72
320	文莱	现存	石油	2013	—	168.66	小型平台	−14	30.96
321	文莱	现存	石油	1992	—	692.82	小型平台	−18	31.56
322	文莱	现存	石油	2007	—	267.87	小型平台	−10	30.76
323	文莱	现存	石油	1992	—	4353.05	中型平台	−14	31.49
324	文莱	移除	石油	2007	2016	120.73	小型平台	−21	32.23
325	文莱	现存	石油	2010	—	283.04	小型平台	−15	31.63
326	文莱	现存	石油	2007	—	372.03	小型平台	−18	32.17
327	文莱	现存	石油	1992	—	724.26	小型平台	−15	32.12
328	文莱	现存	石油	2007	—	306.90	小型平台	−19	31.40
329	文莱	现存	石油	1992	—	1377.21	小型平台	−24	32.81
330	文莱	现存	石油	2013	—	286.27	小型平台	−22	32.45
331	文莱	现存	石油	1992	—	4057.53	中型平台	−20	32.61
332	文莱	现存	石油	2000	—	463.98	小型平台	−19	32.12
333	文莱	现存	石油	1992	—	1301.13	小型平台	−22	33.25
334	文莱	现存	石油	1992	—	928.80	小型平台	−20	32.68
335	文莱	现存	石油	1992	—	977.91	小型平台	−24	32.74
336	文莱	现存	石油	2013	—	3188.58	中型平台	−26	33.65
337	文莱	现存	石油	2007	—	552.35	小型平台	−23	33.11
338	文莱	现存	石油	1992	—	5190.58	中型平台	−24	33.36
339	文莱	现存	石油	2007	—	309.79	小型平台	−23	32.98
340	文莱	现存	石油	1992	—	809.37	小型平台	−30	34.75
341	文莱	现存	石油	1992	—	789.21	小型平台	−24	33.80
342	文莱	现存	石油	2002	—	258.86	小型平台	−28	33.57
343	文莱	现存	石油	2002	—	190.13	小型平台	−32	35.09
344	文莱	现存	石油	2000	—	556.41	小型平台	−29	34.33
345	文莱	现存	石油	2001	—	845.86	小型平台	−35	36.07
346	文莱	现存	石油	2005	—	5259.75	大型平台	−46	38.91
347	马来西亚	现存	石油	2005	—	11304.67	FPSO	−70	141.77
348	文莱	现存	石油	2013	—	2536.61	中型平台	−51	41.86
349	马来西亚	现存	天然气	2007	—	3114.72	中型平台	−123	243.08

ID	建设国家	当前状态	主要任务	建立时间	移除时间	模拟大小/m²	平台类型	作业水深/m	离岸距离/km
350	马来西亚	移除	石油	2005	2011	1311.26	小型平台	−68	153.02
351	文莱	现存	—	2015	—	5664.36	大型平台	−59	50.20
352	文莱	现存	石油	1999	—	1667.64	中型平台	−61	51.75
353	文莱	现存	石油	1998	—	1529.06	小型平台	−58	51.57
354	印度尼西亚	现存	石油	1992	—	7016.61	FPSO	−76	218.50
355	马来西亚	现存	石油	1996	—	9446.25	大型平台	−133	249.40
356	印度尼西亚	移除	石油	2006	2009	130.09	小型平台	−74	222.04
357	印度尼西亚	现存	石油	1992	—	19711.11	大型平台	−76	220.08
358	印度尼西亚	待定	—	—	—	—	—	—	—
359	马来西亚	现存	石油	1996	—	13089.63	大型平台	−54	52.92
360	马来西亚	现存	石油	2000	—	2408.33	中型平台	−68	142.64
361	马来西亚	现存	石油	2000	—	18785.27	大型平台	−69	148.65
362	印度尼西亚	现存	石油	2007	—	1326.12	小型平台	−75	221.56
363	马来西亚	现存	石油	2009	—	1296.25	小型平台	−56	53.11
364	马来西亚	现存	石油	2008	—	6238.20	大型平台	−62	54.80
365	马来西亚	移除	石油	2008	2008	145.16	小型平台	−62	54.94
366	马来西亚	移除	石油	2004	2010	896.04	小型平台	−67	143.79
367	马来西亚	现存	石油	2007	—	950.11	小型平台	−27	31.21
368	马来西亚	现存	石油	1992	—	16130.73	大型平台	−67	233.67
369	马来西亚	现存	石油	1996	—	1818.90	中型平台	−67	232.43
370	马来西亚	现存	石油	2007	—	8392.02	大型平台	−33	33.03
371	马来西亚	现存	石油	2002	—	241.93	小型平台	−52	46.37
372	马来西亚	现存	石油	2013	—	773.48	小型平台	−30	37.50
373	马来西亚	现存	石油	2007	—	614.29	小型平台	−9	41.88
374	马来西亚	现存	石油	2002	—	820.88	小型平台	−23	44.43
375	马来西亚	现存	石油	2001	—	486.16	小型平台	−29	44.92
376	马来西亚	现存	石油	1992	—	2351.88	中型平台	−29	44.57
377	马来西亚	现存	石油	2007	—	202.11	小型平台	−23	44.40
378	马来西亚	现存	石油	1998	—	1911.97	中型平台	−71	220.21
379	马来西亚	待定	—	—	—	—	—	—	—
380	马来西亚	移除	天然气	2007	2008	120.16	小型平台	−17	44.60
381	马来西亚	现存	石油	1992	—	9938.75	大型平台	−29	44.90
382	马来西亚	现存	石油	1996	—	1425.81	小型平台	−73	227.66
383	马来西亚	现存	石油	2006	—	3656.59	中型平台	−41	36.81
384	马来西亚	现存	石油	2007	—	792.58	小型平台	−13	44.07

续表

ID	建设国家	当前状态	主要任务	建立时间	移除时间	模拟大小/m²	平台类型	作业水深/m	离岸距离/km
385	马来西亚	现存	石油	2002	—	365.91	小型平台	−17	44.66
386	马来西亚	现存	石油	1996	—	1222.01	小型平台	−72	224.55
387	马来西亚	现存	石油	1994	—	10750.69	大型平台	−67	204.31
388	马来西亚	移除	石油	1996	2009	757.34	小型平台	−66	210.96
389	马来西亚	移除	石油	1996	2009	1969.20	中型平台	−73	231.42
390	马来西亚	移除	天然气	2007	2009	392.66	小型平台	−35	44.90
391	马来西亚	现存	石油	1992	—	2549.97	中型平台	−39	45.39
392	马来西亚	移除	石油	1996	2009	1724.51	中型平台	−71	228.98
393	马来西亚	现存	石油	1992	—	26950.10	大型平台	−66	208.14
394	马来西亚	现存	石油	1992	—	29348.58	大型平台	−70	225.71
395	马来西亚	现存	石油	1996	—	1567.10	小型平台	−69	221.77
396	马来西亚	现存	天然气	2012	—	1066.36	小型平台	−13	10.05
397	马来西亚	现存	石油	2001	—	789.43	小型平台	−69	227.97
398	马来西亚	现存	石油	1995	—	17776.15	大型平台	−69	231.71
399	马来西亚	现存	天然气	2012	—	1363.21	小型平台	−8	9.69
400	马来西亚	移除	天然气	1992	1997	8425.56	大型平台	−9	14.41
401	马来西亚	移除	石油	1995	2009	1887.38	中型平台	−65	208.14
402	马来西亚	现存	石油	1992	—	28351.29	大型平台	−64	209.72
403	马来西亚	移除	石油	2003	2011	1186.37	小型平台	−64	188.35
404	马来西亚	现存	石油	1996	—	957.47	小型平台	−63	216.51
405	马来西亚	移除	石油	1998	2010	2259.94	中型平台	−63	182.70
406	马来西亚	现存	石油	1996	—	2349.40	FPSO	−64	194.41
407	马来西亚	移除	石油	1996	2011	4451.24	中型平台	−63	188.56
408	马来西亚	现存	石油	1995	—	9605.45	大型平台	−63	185.25
409	马来西亚	移除	石油	2004	2011	1080.24	小型平台	−63	165.49
410	马来西亚	现存	石油	1995	—	20859.05	大型平台	−63	192.41
411	马来西亚	现存	石油	1995	—	17377.45	FPSO	−62	168.40
412	马来西亚	移除	石油	2002	2010	734.65	小型平台	−62	165.13
413	马来西亚	现存	石油	2006	—	3960.48	中型平台	−62	151.40
414	马来西亚	现存	石油	2007	—	6487.92	FPSO	−62	151.23
415	马来西亚	现存	石油	2013	—	9290.84	大型平台	−1217	108.12
416	马来西亚	移除	石油	2001	2009	804.16	小型平台	−57	230.78
417	马来西亚	移除	石油	2007	2011	1859.08	中型平台	−1400	112.67
418	马来西亚	现存	石油	1996	—	1781.76	中型平台	−62	209.39
419	马来西亚	移除	石油	1995	2009	1425.96	小型平台	−61	196.39

续表

ID	建设国家	当前状态	主要任务	建立时间	移除时间	模拟大小/m²	平台类型	作业水深/m	离岸距离/km
420	马来西亚	现存	石油	2002	—	1099.34	小型平台	−7	28.18
421	马来西亚	现存	天然气	2013	—	489.88	小型平台	−7	28.37
422	马来西亚	现存	石油	2001	—	949.70	小型平台	−7	28.65
423	马来西亚	移除	石油	2005	2011	1324.70	小型平台	−61	200.82
424	马来西亚	现存	石油	1995	—	28041.41	大型平台	−61	199.62
425	马来西亚	现存	石油	2006	—	7607.70	大型平台	−1444	113.54
426	马来西亚	现存	石油	1998	—	13697.65	大型平台	−59	87.03
427	马来西亚	现存	石油	1996	—	34956.83	大型平台	−61	193.44
428	马来西亚	移除	石油	1998	2009	1634.52	中型平台	−61	197.15
429	马来西亚	现存	石油	2007	—	10027.17	FPSO	−1471	115.04
430	马来西亚	移除	石油	1998	2009	996.29	小型平台	−56	232.52
431	马来西亚	移除	石油	2007	2009	537.14	小型平台	−65	264.95
432	马来西亚	移除	石油	1995	2010	1538.66	小型平台	−60	189.71
433	马来西亚	现存	石油	1996	—	1857.77	中型平台	−60	186.94
434	马来西亚	现存	石油	1992	—	1547.08	小型平台	−10	10.93
435	马来西亚	现存	天然气	1992	—	683.65	小型平台	−11	5.75
436	马来西亚	现存	石油	1992	—	1392.30	小型平台	−60	129.16
437	马来西亚	现存	天然气	2013	—	10315.34	FPSO	−55	70.68
438	马来西亚	移除	石油	2002	2012	672.64	小型平台	−61	261.31
439	马来西亚	现存	天然气	2013	—	7229.19	大型平台	−56	70.51
440	马来西亚	现存	石油	1992	—	11477.75	大型平台	−60	129.87
441	马来西亚	现存	石油	2002	—	550.95	小型平台	−58	248.31
442	马来西亚	现存	石油	1993	—	13948.94	FPSO	−61	123.25
443	马来西亚	现存	石油	1995	—	897.61	小型平台	−61	126.29
444	马来西亚	移除	石油	1992	2003	588.57	小型平台	−28	51.78
445	马来西亚	待定	—	—	—	—	—	—	—
446	马来西亚	待定	—	—	—	—	—	—	—
447	马来西亚	现存	石油	1996	—	113.91	小型平台	−62	124.34
448	马来西亚	现存	石油	1992	—	14895.94	大型平台	−62	123.47
449	马来西亚	现存	石油	1993	—	1103.86	小型平台	−61	121.58
450	马来西亚	现存	石油	1995	—	1411.07	小型平台	−61	118.49
451	马来西亚	移除	天然气	2013	2016	10553.49	大型平台	−55	76.93
452	马来西亚	现存	天然气	2013	—	5062.69	中型平台	−55	76.86
453	马来西亚	现存	石油	2010	—	9810.52	大型平台	−67	134.02
454	马来西亚	移除	—	2015	2016	197.53	小型平台	−57	54.71

续表

ID	建设国家	当前状态	主要任务	建立时间	移除时间	模拟大小/m²	平台类型	作业水深/m	离岸距离/km
455	马来西亚	现存	石油	1992	—	19452.14	大型平台	−58	55.16
456	马来西亚	现存	石油	1992	—	1188.43	小型平台	−48	52.77
457	马来西亚	移除	石油	2007	2010	2064.30	中型平台	−53	233.54
458	马来西亚	现存	石油	2004	—	1790.09	中型平台	−361	86.44
459	马来西亚	现存	石油	2006	—	5447.15	大型平台	−57	250.31
460	马来西亚	现存	石油	2007	—	1038.31	小型平台	−57	248.84
461	马来西亚	移除	石油	2004	2009	245.38	小型平台	−51	224.08
462	马来西亚	现存	石油	2004	—	12714.03	FPSO	−51	222.97
463	马来西亚	现存	石油	2013	—	12457.16	大型平台	−347	86.11
464	马来西亚	现存	石油	2010	—	2368.28	中型平台	−63	137.54
465	马来西亚	现存	天然气	2002	—	801.36	小型平台	−16	5.19
466	马来西亚	现存	石油	1993	—	1017.62	小型平台	−63	63.68
467	马来西亚	现存	石油	1992	—	49789.89	大型平台	−55	62.58
468	马来西亚	现存	石油	2001	—	754.29	小型平台	−26	36.27
469	马来西亚	现存	石油	1995	—	896.72	小型平台	−27	36.30
470	马来西亚	现存	石油	2001	—	444.93	小型平台	−30	35.43
471	马来西亚	现存	石油	1992	—	7221.91	大型平台	−30	35.95
472	马来西亚	现存	石油	1993	—	671.67	小型平台	−30	36.51
473	马来西亚	现存	石油	2009	—	2439.94	中型平台	−63	143.90
474	马来西亚	移除	石油	2005	2009	135.83	小型平台	−32	36.22
475	马来西亚	现存	石油	1999	—	4995.12	中型平台	−31	36.38
476	马来西亚	现存	石油	2001	—	844.52	小型平台	−32	36.39
477	马来西亚	移除	—	2014	2015	424.89	小型平台	−60	126.66
478	马来西亚	现存	石油	2011	—	8412.34	大型平台	−61	131.23
479	马来西亚	现存	石油	2011	—	2002.66	FPSO	−61	131.22
480	马来西亚	现存	石油	2000	—	8386.10	大型平台	−57	196.88
481	马来西亚	现存	石油	2006	—	1113.59	小型平台	−52	41.85
482	马来西亚	现存	石油	1992	—	6133.21	大型平台	−39	39.56
483	马来西亚	现存	石油	2002	—	833.35	小型平台	−54	42.52
484	马来西亚	现存	石油	2002	—	4385.82	中型平台	−39	39.90
485	马来西亚	现存	石油	2001	—	721.66	小型平台	−37	41.65
486	马来西亚	现存	石油	2001	—	412.63	小型平台	−18	34.23
487	马来西亚	现存	石油	1992	—	1308.38	小型平台	−18	33.67
488	马来西亚	现存	石油	2002	—	2189.49	中型平台	−18	34.05
489	马来西亚	现存	石油	1997	—	2197.76	中型平台	−56	205.05

续表

ID	建设国家	当前状态	主要任务	建立时间	移除时间	模拟大小 /m²	平台类型	作业水深 /m	离岸距离 /km
490	马来西亚	现存	天然气	1996	—	13381.33	FPSO	−54	115.50
491	马来西亚	现存	天然气	1992	—	12800.68	大型平台	−59	143.08
492	马来西亚	现存	天然气	2002	—	1235.18	小型平台	−53	107.40
493	马来西亚	现存	天然气	2002	—	1279.49	小型平台	−54	111.54
494	马来西亚	现存	天然气	2008	—	2586.64	中型平台	−58	141.46
495	马来西亚	现存	石油	2013	—	3221.24	中型平台	−55	108.72
496	泰国	现存	天然气	1992	—	2553.02	中型平台	−17	6.70
497	马—越	现存	石油	2007	—	740.89	小型平台	−52	196.56
498	马—越	现存	石油	2007	—	1088.83	小型平台	−51	189.96
499	马—越	现存	石油	2004	—	3456.96	FPSO	−51	190.87
500	马—越	现存	石油	2002	—	14491.31	大型平台	−50	189.48
501	马—越	现存	石油	2002	—	1035.80	小型平台	−51	190.54
502	马来西亚	现存	石油	2004	—	998.31	小型平台	−52	149.37
503	马来西亚	现存	石油	2013	—	1328.04	小型平台	−55	133.60
504	马来西亚	现存	石油	2013	—	2395.73	FPSO	−54	133.11
505	马—越	现存	石油	2001	—	729.06	小型平台	−49	183.80
506	马—越	移除	石油	1998	2004	1656.37	中型平台	−49	184.26
507	马—越	现存	石油	2006	—	1502.51	小型平台	−49	183.21
508	马—泰	现存	—	2014	—	4000.97	中型平台	−56	121.74
509	马来西亚	现存	—	2014	—	348.48	小型平台	−55	158.18
510	马—泰	现存	天然气	2008	—	2553.38	中型平台	−48	139.08
511	马来西亚	现存	—	2014	—	1201.39	小型平台	−59	155.04
512	马—越	现存	石油	2007	—	7798.78	FPSO	−48	175.47
513	马—泰	现存	石油	2008	—	2439.95	中型平台	−54	146.35
514	马—泰	现存	石油	2001	—	917.88	小型平台	−53	139.29
515	马—越	现存	石油	2009	—	3749.49	FPSO	−52	186.40
516	马—泰	现存	石油	2002	—	4534.65	FPSO	−53	137.40
517	马—泰	现存	石油	2013	—	1292.95	小型平台	−51	133.46
518	马—泰	现存	石油	2011	—	1780.03	中型平台	−53	144.17
519	马—泰	现存	石油	2001	—	14327.70	大型平台	−53	137.98
520	马—越	现存	石油	2007	—	7947.66	大型平台	−53	184.59
521	马—越	现存	石油	2007	—	2403.26	中型平台	−52	181.28
522	马—泰	现存	天然气	2013	—	2042.65	中型平台	−61	151.11
523	马—越	现存	石油	2007	—	1439.00	小型平台	−53	182.40
524	马—泰	现存	石油	2001	—	1038.53	小型平台	−53	139.51

续表

ID	建设国家	当前状态	主要任务	建立时间	移除时间	模拟大小/m²	平台类型	作业水深/m	离岸距离/km
525	马一泰	现存	石油	2007	—	2214.36	中型平台	−53	138.80
526	马一泰	现存	石油	2012	—	1306.57	小型平台	−55	142.95
527	马一泰	现存	天然气	2013	—	2105.17	中型平台	−65	158.37
528	马一越	移除	—	2015	2015	114.54	小型平台	−47	159.68
529	泰国	现存	石油	2000	—	584.61	小型平台	−44	72.87
530	泰国	现存	天然气	2010	—	895.28	小型平台	−50	128.46
531	马一泰	现存	—	2015	—	1925.18	中型平台	−61	175.89
532	泰国	现存	—	2015	—	1504.64	小型平台	−51	128.03
533	马一泰	现存	天然气	2011	—	2239.11	中型平台	−64	175.02
534	马一泰	现存	—	2015	—	936.58	小型平台	−55	165.29
535	泰国	现存	石油	2013	—	1330.28	小型平台	−50	136.17
536	马一泰	现存	—	2015	—	988.52	小型平台	−51	151.12
537	泰国	现存	石油	2012	—	1086.96	小型平台	−49	133.23
538	马一泰	现存	石油	2008	—	1788.01	中型平台	−66	179.40
539	泰国	现存	石油	2010	—	3921.54	中型平台	−49	137.07
540	泰国	现存	—	2015	—	930.62	小型平台	−44	133.13
541	泰国	现存	石油	2010	—	878.86	小型平台	−54	152.58
542	泰国	现存	石油	2013	—	1435.40	小型平台	−44	134.42
543	泰国	现存	石油	2012	—	3165.64	中型平台	−16	14.93
544	泰国	移除	石油	2013	2016	6209.51	FPSO	−16	15.01
545	马一泰	现存	石油	2009	—	903.27	小型平台	−54	167.28
546	泰国	现存	—	2015	—	1135.43	小型平台	−51	134.91
547	马一泰	现存	石油	2012	—	1423.09	小型平台	−56	173.43
548	马一泰	现存	石油	2008	—	696.68	小型平台	−54	170.13
549	马一泰	现存	石油	2008	—	4523.31	中型平台	−55	171.89
550	泰国	现存	石油	2010	—	1911.68	中型平台	−16	17.01
551	泰国	移除	石油	2010	2015	4244.71	中型平台	−14	16.97
552	马一泰	现存	石油	2009	—	1101.82	小型平台	−57	173.45
553	泰国	现存	石油	2010	—	643.56	小型平台	−56	135.83
554	马一泰	现存	石油	2010	—	850.36	小型平台	−58	175.30
555	泰国	现存	石油	2011	—	895.53	小型平台	−18	18.98
556	泰国	现存	石油	2011	—	13393.33	FPSO	−17	18.92
557	泰国	现存	石油	2008	—	3895.91	中型平台	−27	29.96
558	泰国	现存	石油	2008	—	4439.83	中型平台	−26	29.83
559	泰国	现存	天然气	2013	—	1314.48	小型平台	−57	137.16

续表

ID	建设国家	当前状态	主要任务	建立时间	移除时间	模拟大小/m²	平台类型	作业水深/m	离岸距离/km
560	泰国	现存	天然气	2010	—	771.29	小型平台	−64	172.10
561	泰国	现存	石油	2011	—	1889.61	中型平台	−21	21.54
562	泰国	现存	石油	2011	—	10809.11	FPSO	−21	21.53
563	泰国	现存	天然气	2010	—	1082.74	小型平台	−64	172.42
564	泰国	现存	天然气	2009	—	921.85	小型平台	−70	149.22
565	泰国	现存	天然气	1998	—	1097.75	小型平台	−76	146.47
566	泰国	现存	天然气	1998	—	940.97	小型平台	−76	151.44
567	泰国	现存	天然气	2003	—	1745.70	中型平台	−80	149.07
568	泰国	现存	石油	2006	—	1289.13	小型平台	−75	146.15
569	泰国	现存	石油	2008	—	1499.94	小型平台	−79	153.35
570	柬—泰—越	现存	石油	2012	—	2794.93	中型平台	−73	180.87
571	泰国	现存	—	2015	—	1281.17	小型平台	−81	150.48
572	泰国	现存	石油	2013	—	1047.63	小型平台	−76	148.66
573	泰国	现存	石油	2010	—	884.09	小型平台	−79	155.91
574	泰国	现存	—	2014	—	1350.14	小型平台	−71	167.56
575	泰国	现存	天然气	2008	—	1051.91	小型平台	−81	152.94
576	泰国	现存	天然气	1995	—	1362.92	小型平台	−83	152.40
577	泰国	现存	石油	2013	—	1672.75	中型平台	−70	166.08
578	泰国	现存	石油	2013	—	1328.54	小型平台	−79	157.45
579	柬—泰—越	现存	石油	2013	—	1467.11	小型平台	−73	175.08
580	泰国	现存	石油	1996	—	916.16	小型平台	−82	153.52
581	柬—泰—越	现存	石油	2013	—	1254.36	小型平台	−71	178.74
582	柬—泰—越	现存	天然气	2012	—	1476.14	小型平台	−76	172.52
583	泰国	现存	天然气	1996	—	1284.72	小型平台	−81	159.53
584	泰国	现存	石油	2010	—	1058.58	小型平台	−74	167.42
585	泰国	现存	石油	1995	—	1126.12	小型平台	−75	152.02
586	泰国	现存	天然气	2001	—	1272.94	小型平台	−77	165.92
587	泰国	现存	天然气	2003	—	1375.39	小型平台	−80	164.24
588	泰国	现存	石油	1995	—	925.35	小型平台	−79	156.69
589	泰国	现存	石油	1996	—	1224.23	小型平台	−83	160.04
590	泰国	现存	石油	1992	—	43070.10	大型平台	−78	155.95
591	泰国	现存	—	2015	—	1283.22	小型平台	−78	154.62
592	泰国	现存	石油	2012	—	1091.81	小型平台	−81	160.40
593	泰国	移除	石油	1994	2005	1854.72	中型平台	−81	158.53
594	泰国	现存	石油	2012	—	1543.19	小型平台	−88	164.63

续表

ID	建设国家	当前状态	主要任务	建立时间	移除时间	模拟大小/m²	平台类型	作业水深/m	离岸距离/km
595	柬—泰—越	现存	—	2016	—	1770.18	中型平台	−79	174.12
596	泰国	现存	石油	2003	—	3065.92	FPSO	−82	160.62
597	泰国	现存	石油	2001	—	1227.26	小型平台	−78	155.46
598	柬—泰—越	现存	天然气	2010	—	1091.57	小型平台	−77	169.88
599	泰国	现存	石油	2000	—	1495.60	小型平台	−81	159.11
600	泰国	现存	石油	2013	—	2115.09	中型平台	−80	157.11
601	泰国	现存	石油	2006	—	1358.79	小型平台	−85	165.94
602	泰国	现存	石油	2012	—	1292.62	小型平台	−81	160.50
603	泰国	现存	天然气	2007	—	1203.00	小型平台	−91	168.52
604	泰国	现存	石油	2012	—	1129.33	小型平台	−81	159.10
605	泰国	现存	天然气	2009	—	1421.70	小型平台	−71	152.44
606	柬—泰—越	现存	石油	2008	—	1108.12	小型平台	−88	183.08
607	柬—泰—越	现存	—	2015	—	825.51	小型平台	−72	194.47
608	泰国	现存	—	2015	—	1419.29	小型平台	−80	163.77
609	柬—泰—越	现存	天然气	2010	—	1093.78	小型平台	−74	191.70
610	泰国	现存	天然气	2008	—	1397.86	小型平台	−70	156.31
611	柬—泰—越	现存	—	2014	—	1113.64	小型平台	−91	183.80
612	越南	现存	石油	2001	—	2067.84	FPSO	−107	224.82
613	柬—泰—越	现存	石油	2006	—	883.17	小型平台	−89	182.81
614	越南	现存	石油	1996	—	8731.97	大型平台	−108	223.30
615	柬—泰—越	现存	石油	2012	—	1089.11	小型平台	−90	188.72
616	柬—泰—越	现存	石油	2006	—	1049.40	小型平台	−90	189.97
617	柬—泰—越	现存	天然气	2012	—	1149.02	小型平台	−67	172.43
618	泰国	现存	—	2015	—	1701.33	中型平台	−62	148.22
619	柬—泰—越	现存	石油	2007	—	988.10	小型平台	−81	186.38
620	柬—泰—越	现存	石油	2006	—	14341.37	大型平台	−85	190.07
621	柬—泰—越	现存	天然气	2011	—	1129.79	小型平台	−67	183.44
622	柬—泰—越	现存	石油	2008	—	798.26	小型平台	−85	192.58
623	泰国	现存	—	2015	—	2991.38	中型平台	−59	151.83
624	柬—泰—越	现存	天然气	2009	—	635.95	小型平台	−69	186.55
625	柬—泰—越	现存	天然气	2012	—	1609.90	中型平台	−67	178.97
626	柬—泰—越	现存	石油	2010	—	959.60	小型平台	−83	192.35
627	柬—泰—越	现存	天然气	2009	—	708.34	小型平台	−80	187.06
628	柬—泰—越	现存	天然气	2012	—	1408.69	小型平台	−66	178.49
629	柬—泰—越	现存	天然气	2011	—	912.49	小型平台	−89	195.93

续表

ID	建设国家	当前状态	主要任务	建立时间	移除时间	模拟大小/m²	平台类型	作业水深/m	离岸距离/km
630	柬—泰—越	现存	天然气	2011	—	1208.03	小型平台	−69	181.29
631	柬—泰—越	现存	—	2016	—	267.72	小型平台	−83	189.39
632	柬—泰—越	现存	—	2015	—	1306.43	小型平台	−92	193.41
633	柬—泰—越	现存	天然气	2010	—	871.05	小型平台	−82	192.44
634	柬—泰—越	现存	石油	1992	—	994.51	小型平台	−78	194.45
635	柬—泰—越	现存	石油	2010	—	1392.84	小型平台	−77	195.78
636	柬—泰—越	现存	石油	2009	—	1120.09	小型平台	−85	199.34
637	柬—泰—越	现存	石油	2008	—	1039.76	小型平台	−78	199.45
638	柬—泰—越	现存	—	2015	—	921.98	小型平台	−70	198.02
639	柬—泰—越	现存	石油	2011	—	1092.66	小型平台	−83	203.68
640	柬—泰—越	现存	石油	2008	—	911.43	小型平台	−68	199.75
641	柬—泰—越	现存	—	2014	—	1686.05	中型平台	−85	198.27
642	柬—泰—越	现存	天然气	2013	—	1269.89	小型平台	−80	203.37
643	柬—泰—越	现存	天然气	2008	—	1099.52	小型平台	−88	205.96
644	泰国	现存	石油	2002	—	649.31	小型平台	−43	120.30
645	泰国	现存	石油	2005	—	838.95	小型平台	−51	129.29
646	泰国	现存	石油	2008	—	1320.56	小型平台	−43	123.61
647	泰国	现存	天然气	2002	—	461.89	小型平台	−41	121.37
648	泰国	现存	天然气	2006	—	817.83	小型平台	−41	122.66
649	泰国	待定	—	—	—	—	—	—	—
650	泰国	现存	天然气	2006	—	650.63	小型平台	−48	129.17
651	泰国	现存	石油	2002	—	767.60	小型平台	−42	120.08
652	泰国	移除	—	2014	2015	151.98	小型平台	−51	141.29
653	泰国	现存	—	2014	—	1113.64	小型平台	−51	141.37
654	泰国	现存	天然气	2011	—	810.85	小型平台	−67	152.56
655	泰国	现存	石油	2001	—	631.09	小型平台	−43	126.02
656	泰国	现存	石油	2010	—	1430.98	小型平台	−54	143.64
657	泰国	现存	石油	1998	—	15320.22	大型平台	−42	123.27
658	泰国	现存	—	2015	—	1120.73	小型平台	−48	128.18
659	泰国	现存	石油	2010	—	1150.29	小型平台	−52	132.22
660	泰国	现存	天然气	2007	—	673.16	小型平台	−47	126.04
661	泰国	现存	石油	2002	—	515.22	小型平台	−45	122.09
662	泰国	现存	—	2015	—	1065.48	小型平台	−65	156.70
663	泰国	现存	天然气	2010	—	847.74	小型平台	−54	129.11
664	泰国	现存	天然气	2005	—	684.23	小型平台	−49	122.51

续表

ID	建设国家	当前状态	主要任务	建立时间	移除时间	模拟大小/m²	平台类型	作业水深/m	离岸距离/km
665	泰国	现存	天然气	2012	—	1382.36	小型平台	−60	149.35
666	泰国	现存	天然气	2012	—	982.51	小型平台	−61	158.25
667	泰国	现存	天然气	2013	—	1376.67	小型平台	−70	165.96
668	泰国	现存	天然气	2002	—	598.42	小型平台	−49	120.60
669	泰国	现存	天然气	2012	—	1241.93	小型平台	−69	168.33
670	泰国	现存	天然气	2005	—	686.24	小型平台	−52	116.73
671	泰国	现存	—	2014	—	1216.91	小型平台	−60	158.43
672	泰国	现存	天然气	2007	—	1071.47	小型平台	−55	120.66
673	泰国	现存	—	2015	—	538.72	小型平台	−53	123.96
674	泰国	现存	天然气	2011	—	1019.77	小型平台	−67	166.88
675	泰国	现存	—	2014	—	1225.01	小型平台	−63	118.89
676	泰国	现存	石油	2001	—	368.28	小型平台	−62	154.56
677	泰国	现存	天然气	2002	—	803.01	小型平台	−54	123.34
678	泰国	现存	天然气	2008	—	780.55	小型平台	−65	168.46
679	泰国	现存	天然气	2008	—	936.18	小型平台	−65	151.90
680	泰国	现存	天然气	2006	—	965.40	小型平台	−64	159.24
681	泰国	现存	天然气	2006	—	832.21	小型平台	−66	149.59
682	泰国	现存	—	2014	—	1828.03	中型平台	−62	171.21
683	泰国	现存	天然气	1994	—	603.85	小型平台	−67	156.78
684	泰国	现存	石油	2005	—	886.30	小型平台	−53	125.09
685	泰国	现存	—	2015	—	1445.99	小型平台	−66	166.34
686	泰国	现存	石油	2011	—	819.32	小型平台	−66	161.88
687	泰国	现存	天然气	2005	—	689.06	小型平台	−68	150.73
688	泰国	现存	天然气	1994	—	793.78	小型平台	−69	156.23
689	泰国	现存	石油	2011	—	820.02	小型平台	−52	127.89
690	泰国	待定	—	—	—	—	—	—	—
691	泰国	现存	天然气	1992	—	547.30	小型平台	−64	138.20
692	泰国	现存	天然气	2002	—	372.07	小型平台	−71	154.17
693	泰国	待定	—	—	—	—	—	—	—
694	泰国	现存	石油	2012	—	1366.52	小型平台	−52	128.10
695	泰国	现存	石油	2001	—	578.26	小型平台	−52	123.96
696	泰国	现存	石油	2007	—	620.17	小型平台	−51	122.28
697	泰国	现存	天然气	1992	—	762.58	小型平台	−68	160.31
698	泰国	现存	天然气	1996	—	656.29	小型平台	−66	162.98
699	泰国	现存	石油	2001	—	8232.72	FPSO	−53	123.89

续表

ID	建设国家	当前状态	主要任务	建立时间	移除时间	模拟大小/m²	平台类型	作业水深/m	离岸距离/km
700	泰国	现存	石油	2000	—	679.08	小型平台	−63	137.67
701	泰国	现存	—	2015	—	918.75	小型平台	−65	140.72
702	泰国	现存	石油	2001	—	205.39	小型平台	−71	156.72
703	泰国	现存	石油	2006	—	596.55	小型平台	−53	124.14
704	泰国	现存	天然气	2001	—	657.27	小型平台	−53	114.84
705	泰国	现存	石油	1994	—	834.42	小型平台	−68	161.40
706	泰国	现存	石油	2008	—	829.30	小型平台	−54	127.02
707	泰国	现存	天然气	2013	—	1196.90	小型平台	−58	134.49
708	泰国	现存	石油	2004	—	874.63	小型平台	−54	128.98
709	泰国	现存	石油	2011	—	1273.38	小型平台	−52	118.39
710	泰国	待定	—	—	—	—	—	—	—
711	泰国	现存	石油	1996	—	654.14	小型平台	−65	164.36
712	泰国	现存	石油	2005	—	611.12	小型平台	−65	139.92
713	泰国	现存	石油	1995	—	799.81	小型平台	−69	159.97
714	泰国	现存	石油	1992	—	709.48	小型平台	−65	163.28
715	泰国	现存	石油	2004	—	492.96	小型平台	−68	156.42
716	泰国	现存	石油	2001	—	589.86	小型平台	−53	124.22
717	泰国	现存	石油	2013	—	1595.90	小型平台	−55	129.33
718	泰国	现存	石油	1992	—	11010.06	大型平台	−69	159.91
719	泰国	现存	天然气	2002	—	666.60	小型平台	−64	167.25
720	泰国	现存	石油	2006	—	1257.28	小型平台	−59	138.55
721	泰国	现存	天然气	2011	—	1040.05	小型平台	−61	152.78
722	泰国	现存	天然气	2007	—	772.38	小型平台	−56	131.92
723	泰国	现存	石油	1992	—	716.49	小型平台	−63	164.44
724	泰国	现存	天然气	2001	—	540.82	小型平台	−51	126.72
725	泰国	现存	天然气	1992	—	712.39	小型平台	−56	137.32
726	泰国	现存	—	2016	—	333.68	小型平台	−60	150.96
727	泰国	现存	天然气	2008	—	1000.08	小型平台	−60	142.18
728	泰国	现存	石油	2000	—	661.28	小型平台	−66	157.51
729	泰国	现存	—	2014	—	1103.61	小型平台	−50	127.20
730	泰国	现存	石油	1994	—	601.41	小型平台	−61	166.68
731	泰国	现存	天然气	2002	—	616.13	小型平台	−63	154.22
732	泰国	移除	—	2014	2014	120.47	小型平台	−63	153.33
733	泰国	现存	—	2014	—	1682.10	中型平台	−55	130.68
734	泰国	现存	—	2014	—	1076.10	小型平台	−63	153.35

续表

ID	建设国家	当前状态	主要任务	建立时间	移除时间	模拟大小/m²	平台类型	作业水深/m	离岸距离/km
735	泰国	现存	天然气	2013	—	1288.97	小型平台	−64	165.69
736	泰国	现存	石油	2008	—	649.28	小型平台	−66	159.70
737	泰国	现存	天然气	1993	—	823.70	小型平台	−58	135.14
738	泰国	现存	天然气	2001	—	288.83	小型平台	−65	156.61
739	泰国	现存	石油	1993	—	699.79	小型平台	−58	133.52
740	泰国	现存	天然气	2003	—	821.04	小型平台	−60	138.53
741	泰国	现存	天然气	1998	—	839.31	小型平台	−66	154.20
742	泰国	现存	—	2015	—	1243.04	小型平台	−66	161.06
743	泰国	现存	天然气	1996	—	685.72	小型平台	−65	157.99
744	泰国	现存	石油	1992	—	3316.59	中型平台	−58	136.94
745	泰国	现存	石油	1992	—	3627.54	中型平台	−56	133.44
746	泰国	现存	石油	2013	—	1363.88	小型平台	−62	139.99
747	泰国	现存	天然气	1997	—	674.14	小型平台	−65	163.27
748	泰国	现存	石油	2010	—	1014.63	小型平台	−62	141.34
749	泰国	现存	石油	2006	—	568.30	小型平台	−60	138.69
750	泰国	现存	石油	1996	—	718.99	小型平台	−58	136.00
751	泰国	现存	石油	1993	—	9706.68	大型平台	−58	137.12
752	越南	现存	石油	2009	—	1784.35	中型平台	−41	119.98
753	泰国	现存	石油	1992	—	24598.71	大型平台	−61	138.50
754	泰国	现存	石油	1998	—	1681.73	中型平台	−54	132.10
755	泰国	现存	石油	2006	—	1038.98	小型平台	−65	164.94
756	越南	现存	石油	2009	—	1965.83	中型平台	−41	120.44
757	泰国	现存	石油	1992	—	510.45	小型平台	−62	142.72
758	泰国	移除	石油	1993	1994	194.69	小型平台	−62	142.61
759	泰国	待定	—	—	—	—	—	—	—
760	泰国	现存	天然气	1995	—	706.04	小型平台	−77	150.10
761	泰国	现存	石油	2004	—	692.19	小型平台	−61	143.15
762	泰国	现存	石油	2001	—	854.35	小型平台	−61	138.84
763	越南	现存	石油	1994	—	11516.88	大型平台	−46	124.46
764	泰国	现存	石油	1993	—	784.36	小型平台	−72	148.71
765	泰国	现存	天然气	2013	—	1533.85	小型平台	−69	166.78
766	泰国	现存	石油	2012	—	7638.60	FPSO	−56	131.91
767	越南	移除	石油	2013	2015	1995.97	中型平台	−35	119.27
768	泰国	现存	—	2014	—	1455.28	小型平台	−82	153.43
769	泰国	现存	石油	1992	—	3795.81	中型平台	−61	141.04

ID	建设国家	当前状态	主要任务	建立时间	移除时间	模拟大小/m²	平台类型	作业水深/m	离岸距离/km
770	越南	现存	石油	2006	—	1514.56	小型平台	−42	115.84
771	泰国	现存	石油	2002	—	547.07	小型平台	−63	145.04
772	泰国	现存	天然气	1992	—	789.54	小型平台	−71	149.78
773	泰国	现存	石油	1993	—	714.94	小型平台	−59	136.35
774	泰国	现存	石油	1992	—	795.80	小型平台	−62	139.92
775	泰国	待定	—	—	—	—	—	—	—
776	泰国	现存	天然气	1999	—	487.09	小型平台	−78	152.85
777	越南	现存	石油	2007	—	1668.55	中型平台	−41	112.16
778	泰国	现存	天然气	1992	—	651.11	小型平台	−68	147.84
779	泰国	现存	石油	1992	—	3975.11	中型平台	−63	141.61
780	泰国	现存	石油	1993	—	695.88	小型平台	−65	145.40
781	泰国	现存	石油	1992	—	746.06	小型平台	−61	138.22
782	泰国	现存	—	2014	—	1608.21	中型平台	−73	165.02
783	越南	现存	石油	1996	—	1965.80	中型平台	−38	116.43
784	泰国	现存	天然气	2001	—	725.77	小型平台	−58	135.19
785	泰国	现存	—	2014	—	1404.39	小型平台	−71	150.68
786	泰国	现存	石油	1992	—	841.77	小型平台	−61	139.47
787	泰国	现存	—	2014	—	867.45	小型平台	−54	129.93
788	越南	现存	石油	1992	—	7668.40	大型平台	−29	109.70
789	泰国	现存	石油	2007	—	763.35	小型平台	−68	147.54
790	泰国	现存	天然气	1993	—	569.86	小型平台	−65	143.35
791	越南	现存	石油	1998	—	8981.71	FPSO	−28	109.89
792	泰国	现存	天然气	1992	—	779.01	小型平台	−63	138.48
793	泰国	现存	石油	1999	—	706.03	小型平台	−55	132.65
794	泰国	现存	石油	2001	—	441.68	小型平台	−67	146.12
795	越南	现存	石油	2011	—	1902.80	中型平台	−23	111.54
796	泰国	现存	石油	2006	—	780.22	小型平台	−67	149.51
797	越南	现存	石油	2000	—	1578.97	小型平台	−25	106.85
798	泰国	现存	天然气	2001	—	694.20	小型平台	−62	135.35
799	泰国	现存	天然气	1993	—	815.25	小型平台	−63	138.14
800	越南	现存	天然气	2012	—	3236.98	中型平台	−24	108.76
801	泰国	现存	石油	1992	—	623.20	小型平台	−66	145.51
802	泰国	现存	—	2014	—	1371.01	小型平台	−54	132.33
803	越南	现存	石油	2010	—	1531.28	小型平台	−18	105.14
804	泰国	现存	石油	1992	—	12807.36	FPSO	−67	148.30

续表

ID	建设国家	当前状态	主要任务	建立时间	移除时间	模拟大小/m²	平台类型	作业水深/m	离岸距离/km
805	泰国	现存	—	2014	—	1496.13	小型平台	−67	148.42
806	越南	现存	石油	1993	—	1390.09	小型平台	−33	106.07
807	泰国	现存	石油	2007	—	885.77	小型平台	−51	130.70
808	泰国	现存	石油	1992	—	616.75	小型平台	−64	144.99
809	泰国	现存	石油	2005	—	842.89	小型平台	−57	134.74
810	泰国	现存	天然气	2011	—	1474.96	小型平台	−58	137.05
811	泰国	现存	—	2015	—	490.79	小型平台	−66	147.81
812	泰国	现存	—	2015	—	358.04	小型平台	−54	131.02
813	泰国	现存	天然气	2012	—	1564.44	小型平台	−76	159.36
814	泰国	现存	石油	1994	—	638.17	小型平台	−62	144.20
815	越南	现存	石油	1996	—	2207.48	中型平台	−38	102.41
816	泰国	现存	石油	2012	—	1161.85	小型平台	−59	134.40
817	泰国	现存	石油	2001	—	921.57	小型平台	−77	160.90
818	泰国	现存	天然气	2000	—	833.59	小型平台	−58	143.15
819	越南	现存	石油	2000	—	1718.92	中型平台	−39	99.63
820	越南	现存	石油	1992	—	2165.43	中型平台	−38	99.94
821	越南	现存	石油	2001	—	20010.22	FPSO	−40	98.95
822	越南	现存	石油	2000	—	10057.62	FPSO	−39	97.75
823	越南	现存	石油	1994	—	1737.17	中型平台	−41	98.08
824	越南	现存	石油	1994	—	1148.03	小型平台	−39	99.20
825	泰国	现存	天然气	1992	—	664.23	小型平台	−54	140.45
826	泰国	现存	天然气	2008	—	936.69	小型平台	−74	158.53
827	泰国	现存	石油	2000	—	761.94	小型平台	−64	145.20
828	越南	待定	—	—	—	—	—	—	—
829	泰国	现存	—	2014	—	1256.33	小型平台	−56	128.81
830	越南	现存	石油	1992	—	58204.92	大型平台	−40	97.70
831	越南	现存	石油	1992	—	3111.15	中型平台	−41	97.68
832	泰国	现存	石油	2001	—	419.48	小型平台	−73	160.43
833	越南	现存	石油	1992	—	20016.10	大型平台	−42	96.34
834	越南	现存	石油	1994	—	9022.40	大型平台	−40	98.04
835	越南	移除	石油	2007	2008	3182.17	中型平台	−41	90.09
836	越南	现存	石油	1992	—	2116.66	中型平台	−42	96.22
837	越南	移除	石油	1992	2008	10722.70	大型平台	−43	95.07
838	泰国	现存	石油	1999	—	891.92	小型平台	−58	141.23
839	越南	移除	—	2014	2015	2748.36	中型平台	−44	94.12

ID	建设国家	当前状态	主要任务	建立时间	移除时间	模拟大小/m²	平台类型	作业水深/m	离岸距离/km
840	越南	现存	石油	1992	—	14675.82	大型平台	−44	95.46
841	泰国	现存	石油	2011	—	1097.99	小型平台	−63	144.19
842	越南	现存	石油	1992	—	11431.41	大型平台	−45	95.95
843	柬—泰—越	现存	—	2014	—	1585.07	小型平台	−72	160.61
844	越南	现存	石油	2009	—	2153.00	中型平台	−42	95.56
845	泰国	现存	天然气	2013	—	1361.80	小型平台	−41	119.56
846	越南	现存	石油	1992	—	12490.00	大型平台	−45	92.90
847	越南	现存	石油	1992	—	11587.43	大型平台	−45	93.87
848	越南	现存	石油	1992	—	10897.51	大型平台	−45	93.21
849	越南	现存	石油	1992	—	12538.09	大型平台	−44	92.69
850	越南	移除	石油	1992	2014	9167.88	FPSO	−45	91.22
851	越南	现存	石油	1992	—	6032.82	大型平台	−43	92.92
852	越南	现存	石油	1992	—	31416.66	FPSO	−43	92.14
853	越南	现存	石油	2007	—	2929.04	中型平台	−25	96.12
854	柬—泰—越	现存	石油	2005	—	935.38	小型平台	−73	158.75
855	泰国	现存	天然气	2002	—	419.23	小型平台	−67	143.43
856	越南	现存	石油	1992	—	1798.45	中型平台	−20	92.97
857	泰国	现存	石油	2013	—	1523.27	小型平台	−67	140.78
858	越南	现存	—	2015	—	1057.93	小型平台	−44	87.14
859	泰国	现存	天然气	2010	—	1148.44	小型平台	−56	128.15
860	越南	移除	—	2014	2016	1634.74	中型平台	−39	90.35
861	越南	现存	—	2014	—	5581.70	大型平台	−44	86.28
862	越南	现存	石油	2013	—	2614.44	中型平台	−42	82.19
863	泰国	现存	天然气	2010	—	1320.37	小型平台	−64	131.55
864	泰国	现存	天然气	2011	—	1400.34	小型平台	−68	140.84
865	越南	现存	石油	2012	—	3614.36	中型平台	−42	85.64
866	泰国	现存	石油	2011	—	1219.98	小型平台	−68	146.97
867	泰国	现存	石油	2010	—	1057.63	小型平台	−65	133.92
868	越南	现存	石油	2011	—	3236.98	中型平台	−43	79.60
869	泰国	现存	—	2015	—	1252.72	小型平台	−63	130.02
870	越南	现存	石油	2000	—	914.94	小型平台	−42	87.16
871	泰国	现存	天然气	2012	—	877.93	小型平台	−66	139.28
872	越南	现存	石油	2005	—	882.43	小型平台	−42	86.42
873	柬—泰—越	现存	—	2015	—	666.78	小型平台	−74	157.73
874	泰国	现存	石油	2012	—	1258.94	小型平台	−65	130.92

续表

ID	建设国家	当前状态	主要任务	建立时间	移除时间	模拟大小/m²	平台类型	作业水深/m	离岸距离/km
875	泰国	现存	石油	2000	—	664.22	小型平台	−64	138.42
876	越南	现存	石油	2001	—	2091.41	中型平台	−44	85.75
877	越南	现存	石油	2010	—	4989.51	FPSO	−43	76.90
878	泰国	现存	—	2014	—	1119.01	小型平台	−66	134.70
879	泰国	现存	石油	2010	—	927.11	小型平台	−68	130.88
880	泰国	现存	石油	2010	—	994.60	小型平台	−63	143.83
881	越南	现存	石油	2010	—	1761.36	中型平台	−42	75.05
882	越南	现存	石油	1999	—	9754.57	大型平台	−45	83.04
883	越南	移除	石油	1999	2008	8063.12	大型平台	−45	81.12
884	泰国	现存	天然气	2012	—	988.52	小型平台	−68	134.88
885	越南	移除	石油	2001	2016	944.74	小型平台	−44	50.18
886	越南	现存	石油	2008	—	5111.50	FPSO	−46	80.86
887	越南	移除	石油	2006	2007	140.16	小型平台	−39	72.83
888	泰国	现存	石油	2008	—	801.73	小型平台	−69	131.04
889	越南	现存	石油	2012	—	1109.23	小型平台	−37	72.49
890	泰国	现存	石油	2012	—	961.80	小型平台	−67	137.40
891	泰国	现存	石油	2007	—	727.44	小型平台	−68	123.28
892	泰国	现存	石油	2002	—	526.24	小型平台	−70	130.32
893	泰国	现存	石油	1994	—	809.05	小型平台	−68	139.60
894	泰国	移除	石油	2009	2009	70.76	小型平台	−70	145.98
895	泰国	现存	石油	2001	—	4601.86	FPSO	−70	146.13
896	泰国	现存	石油	2000	—	1275.58	小型平台	−68	142.67
897	泰国	现存	石油	1996	—	685.33	小型平台	−69	138.04
898	泰国	现存	天然气	2009	—	888.51	小型平台	−71	133.70
899	泰国	现存	石油	2006	—	673.90	小型平台	−70	131.23
900	越南	现存	石油	2008	—	955.25	小型平台	−48	75.42
901	泰国	现存	天然气	1994	—	753.80	小型平台	−71	133.86
902	泰国	现存	石油	1996	—	712.06	小型平台	−69	141.21
903	泰国	现存	石油	1995	—	11457.14	大型平台	−71	144.21
904	泰国	现存	天然气	2009	—	536.52	小型平台	−67	122.98
905	泰国	现存	—	2015	—	772.34	小型平台	−69	139.18
906	泰国	现存	石油	2000	—	900.85	小型平台	−71	143.05
907	泰国	现存	石油	2013	—	1070.90	小型平台	−73	145.45
908	泰国	现存	石油	2003	—	538.68	小型平台	−71	132.07
909	越南	现存	石油	2012	—	1578.72	小型平台	−20	66.05

续表

ID	建设国家	当前状态	主要任务	建立时间	移除时间	模拟大小/m²	平台类型	作业水深/m	离岸距离/km
910	泰国	现存	天然气	2004	—	611.07	小型平台	−70	134.83
911	越南	现存	石油	2013	—	2439.39	中型平台	−39	59.61
912	泰国	现存	石油	1996	—	608.81	小型平台	−69	140.53
913	泰国	现存	石油	2004	—	597.49	小型平台	−69	129.09
914	越南	现存	石油	2013	—	5718.83	FPSO	−41	57.90
915	泰国	现存	石油	2004	—	699.78	小型平台	−69	132.19
916	泰国	现存	—	2014	—	1046.64	小型平台	−73	149.15
917	泰国	现存	石油	2000	—	570.48	小型平台	−71	143.97
918	泰国	现存	石油	2002	—	544.11	小型平台	−69	129.81
919	泰国	现存	—	2015	—	141.95	小型平台	−72	146.98
920	越南	现存	石油	2013	—	3798.32	中型平台	−45	55.33
921	泰国	现存	石油	2005	—	499.97	小型平台	−68	129.97
922	泰国	现存	石油	2010	—	987.49	小型平台	−68	129.73
923	泰国	现存	石油	2008	—	917.13	小型平台	−68	133.04
924	泰国	现存	—	2015	—	157.53	小型平台	−71	151.38
925	泰国	现存	—	2014	—	1221.37	小型平台	−68	141.66
926	泰国	现存	石油	2009	—	1029.28	小型平台	−67	127.44
927	泰国	现存	石油	1995	—	737.28	小型平台	−70	147.36
928	泰国	现存	石油	2006	—	695.96	小型平台	−65	130.18
929	泰国	现存	天然气	2008	—	841.50	小型平台	−69	151.83
930	泰国	现存	石油	2005	—	567.93	小型平台	−64	134.38
931	越南	现存	石油	2012	—	5397.08	大型平台	−44	66.29
932	泰国	现存	石油	2011	—	1338.60	小型平台	−68	152.14
933	泰国	现存	石油	1996	—	686.03	小型平台	−68	149.36
934	柬—泰—越	现存	天然气	2013	—	1515.62	小型平台	−68	153.34
935	泰国	现存	石油	2006	—	700.14	小型平台	−65	149.46
936	柬—泰—越	现存	石油	2010	—	1080.10	小型平台	−68	153.93
937	泰国	现存	石油	2003	—	496.48	小型平台	−66	151.01
938	越南	现存	石油	2002	—	74.39	小型平台	−1	6.99
939	柬—泰—越	现存	天然气	2006	—	693.32	小型平台	−69	155.56
940	泰国	现存	天然气	2005	—	352.47	小型平台	−68	152.63
941	泰国	现存	天然气	1992	—	883.51	小型平台	−68	152.77
942	柬—泰—越	现存	石油	2010	—	905.91	小型平台	−70	157.02
943	泰国	现存	天然气	2013	—	1550.95	小型平台	−66	150.91
944	越南	现存	石油	2009	—	1630.64	中型平台	−44	46.00

ID	建设国家	当前状态	主要任务	建立时间	移除时间	模拟大小/m²	平台类型	作业水深/m	离岸距离/km
945	越南	现存	—	2014	—	1825.18	中型平台	−42	52.40
946	柬—泰—越	现存	石油	2008	—	816.21	小型平台	−68	156.31
947	泰国	现存	天然气	2010	—	1009.40	小型平台	−66	151.84
948	泰国	现存	天然气	2013	—	1356.12	小型平台	−66	150.95
949	越南	移除	石油	2008	2010	184.05	小型平台	−43	55.70
950	柬—泰—越	现存	天然气	2008	—	866.26	小型平台	−67	156.64
951	越南	移除	石油	1999	2010	8293.67	大型平台	−41	49.61
952	越南	现存	石油	2001	—	1254.31	小型平台	−41	50.37
953	柬—泰—越	现存	石油	2004	—	593.69	小型平台	−66	155.12
954	越南	现存	石油	2010	—	2910.97	FPSO	−40	48.42
955	越南	现存	石油	2007	—	11593.78	大型平台	−42	53.15
956	泰国	现存	石油	2002	—	540.95	小型平台	−66	150.89
957	越南	现存	石油	2013	—	1756.86	中型平台	−42	54.44
958	越南	现存	石油	2007	—	2953.24	中型平台	−38	47.79
959	泰国	现存	天然气	2008	—	973.75	小型平台	−68	151.81
960	柬—泰—越	现存	石油	2002	—	653.56	小型平台	−67	154.34
961	越南	现存	石油	2003	—	12674.68	大型平台	−41	53.05
962	泰国	现存	天然气	2000	—	527.24	小型平台	−69	150.99
963	越南	现存	石油	2010	—	3691.89	中型平台	−32	33.32
964	柬—泰—越	现存	天然气	1996	—	844.37	小型平台	−68	154.52
965	越南	现存	石油	2002	—	3264.23	中型平台	−40	50.79
966	泰国	现存	石油	1993	—	686.63	小型平台	−37	15.84
967	泰国	现存	石油	1998	—	925.10	小型平台	−67	152.73
968	柬—泰—越	现存	石油	2010	—	954.98	小型平台	−68	155.17
969	越南	现存	石油	2009	—	2283.70	中型平台	−38	51.32
970	泰国	现存	石油	1997	—	3307.94	FPSO	−67	151.44
971	柬—泰—越	现存	石油	2000	—	692.75	小型平台	−67	155.57
972	泰国	现存	石油	2003	—	660.65	小型平台	−65	152.85
973	越南	现存	石油	2012	—	4353.40	中型平台	−35	46.81
974	柬—泰—越	现存	天然气	2006	—	573.55	小型平台	−67	156.99
975	越南	现存	石油	2013	—	3541.06	中型平台	−32	41.29
976	越南	现存	石油	2013	—	3737.17	中型平台	−32	38.58
977	越南	现存	天然气	1996	—	2692.91	中型平台	−21	10.06
978	越南	移除	天然气	2000	2013	103.37	小型平台	−21	10.21
979	泰国	现存	天然气	2013	—	1371.01	小型平台	−56	149.37

续表

ID	建设国家	当前 状态	主要 任务	建立 时间	移除 时间	模拟大小 /m²	平台类型	作业水深 /m	离岸距离 /km
980	泰国	现存	石油	2008	—	1184.07	小型平台	−56	147.80
981	菲律宾	现存	石油	1992	—	529.49	小型平台	−17	47.73
982	菲律宾	现存	天然气	1992	—	1234.43	小型平台	−49	43.81
983	菲律宾	移除	石油	2001	2005	63.96	小型平台	−55	45.30
984	泰国	现存	石油	2006	—	667.48	小型平台	−60	150.63
985	泰国	现存	石油	2004	—	593.57	小型平台	−57	142.94
986	泰国	现存	石油	1994	—	1419.38	小型平台	−31	21.50
987	泰国	移除	石油	1994	2007	1927.72	中型平台	−31	21.14
988	泰国	现存	石油	2010	—	700.61	小型平台	−64	151.38
989	泰国	现存	—	2015	—	1649.90	中型平台	−59	148.09
990	泰国	现存	天然气	2006	—	752.70	小型平台	−56	142.71
991	泰国	现存	天然气	2002	—	467.17	小型平台	−64	152.36
992	泰国	现存	天然气	2006	—	819.36	小型平台	−59	148.80
993	泰国	现存	天然气	2010	—	996.46	小型平台	−61	150.53
994	泰国	现存	天然气	2004	—	886.54	小型平台	−55	142.56
995	泰国	现存	天然气	2000	—	1036.68	小型平台	−61	153.68
996	泰国	现存	天然气	2013	—	1477.60	小型平台	−56	143.77
997	泰国	现存	天然气	2002	—	483.61	小型平台	−62	151.04
998	泰国	现存	石油	2004	—	704.98	小型平台	−65	149.39
999	泰国	现存	天然气	2008	—	797.16	小型平台	−58	144.66
1000	泰国	现存	石油	2005	—	874.17	小型平台	−61	156.77
1001	泰国	现存	石油	2005	—	927.45	小型平台	−64	153.41
1002	泰国	现存	石油	2008	—	498.53	小型平台	−67	149.97
1003	泰国	现存	石油	2013	—	2174.53	中型平台	−66	153.69
1004	泰国	现存	石油	2010	—	1527.64	小型平台	−67	149.52
1005	泰国	现存	天然气	2011	—	1301.35	小型平台	−60	145.28
1006	泰国	现存	石油	2000	—	1560.93	小型平台	−65	154.37
1007	泰国	现存	石油	2000	—	11305.59	大型平台	−64	156.19
1008	泰国	现存	石油	2010	—	914.35	小型平台	−64	156.46
1009	泰国	现存	石油	2008	—	1088.95	小型平台	−65	151.54
1010	泰国	现存	石油	2004	—	886.91	小型平台	−64	155.11
1011	泰国	现存	石油	2003	—	829.42	小型平台	−62	158.80
1012	泰国	现存	石油	2013	—	1764.62	中型平台	−64	151.79
1013	泰国	现存	石油	2002	—	508.07	小型平台	−63	155.80
1014	泰国	现存	石油	2013	—	906.00	小型平台	−65	82.50

续表

ID	建设国家	当前状态	主要任务	建立时间	移除时间	模拟大小/m²	平台类型	作业水深/m	离岸距离/km
1015	泰国	现存	石油	2008	—	3165.40	中型平台	−63	83.87
1016	泰国	现存	石油	2002	—	438.98	小型平台	−62	158.18
1017	泰国	现存	天然气	2007	—	924.84	小型平台	−60	160.33
1018	泰国	现存	天然气	2000	—	1344.40	小型平台	−59	160.58
1019	泰国	现存	石油	1992	—	7753.28	大型平台	−10	9.79
1020	泰国	现存	石油	1992	—	4347.92	中型平台	−13	11.38
1021	泰国	现存	石油	2002	—	485.93	小型平台	−57	160.89
1022	泰国	现存	石油	2004	—	915.48	小型平台	−56	167.12
1023	泰国	现存	石油	2004	—	982.41	小型平台	−57	161.74
1024	菲律宾	现存	天然气	1996	—	512.78	小型平台	−37	41.54
1025	菲律宾	现存	石油	2000	—	407.37	小型平台	−276	48.17
1026	菲律宾	现存	石油	1992	—	1815.38	中型平台	−58	47.56
1027	菲律宾	现存	石油	2000	—	9947.77	FPSO	−43	39.46
1028	菲律宾	现存	石油	2001	—	335.01	小型平台	−77	41.81
1029	泰国	现存	—	2015	—	1225.82	小型平台	−56	164.72
1030	泰国	待定	—	—	—	—	—	—	—
1031	泰国	现存	石油	1992	—	11060.53	大型平台	−29	10.08
1032	泰国	现存	石油	1992	—	6459.46	大型平台	−28	8.31
1033	菲律宾	现存	石油	2012	—	4776.22	FPSO	−206	59.12
1034	泰国	现存	石油	2008	—	1242.09	小型平台	−44	137.79
1035	泰国	现存	天然气	2007	—	1099.72	小型平台	−46	138.39
1036	泰国	现存	天然气	2008	—	1143.24	小型平台	−46	138.02
1037	泰国	移除	天然气	2006	2012	313.24	小型平台	−45	136.18
1038	泰国	现存	天然气	2005	—	2731.40	FPSO	−45	135.91
1039	泰国	现存	天然气	2006	—	2142.61	中型平台	−46	137.24
1040	泰国	现存	天然气	2008	—	1343.44	小型平台	−47	137.25
1041	泰国	现存	—	2014	—	2951.25	中型平台	−39	74.63
1042	泰国	现存	石油	2002	—	948.71	小型平台	−21	19.53
1043	泰国	待定	—	—	—	—	—	—	—
1044	泰国	现存	—	2014	—	395.76	小型平台	−18	15.70
1045	泰国	待定	—	—	—	—	—	—	—
1046	泰国	现存	石油	2013	—	151.98	小型平台	−14	12.37
1047	泰国	现存	—	2014	—	338.09	小型平台	−16	11.37
1048	泰国	现存	—	2014	—	224.08	小型平台	−15	8.62
1049	泰国	移除	石油	2013	2016	151.98	小型平台	−12	6.79

续表

ID	建设国家	当前状态	主要任务	建立时间	移除时间	模拟大小/m²	平台类型	作业水深/m	离岸距离/km
1050	泰国	现存	石油	1992	—	3883.81	中型平台	−13	7.88
1051	泰国	现存	石油	1992	—	24305.89	大型平台	−15	9.69
1052	泰国	移除	石油	2011	2011	183.88	小型平台	−22	11.35
1053	泰国	现存	天然气	1996	—	1859.76	中型平台	−8	4.54
1054	泰国	现存	天然气	1992	—	1948.51	中型平台	−10	15.22
1055	泰国	待定	—	—	—	—	—	—	—
1056	泰国	待定	—	—	—	—	—	—	—
1057	泰国	待定	—	—	—	—	—	—	—
1058	泰国	待定	—	—	—	—	—	—	—
1059	泰国	待定	—	—	—	—	—	—	—
1060	泰国	待定	—	—	—	—	—	—	—
1061	中国	现存	天然气	1999	—	7345.02	大型平台	−90	87.41
1062	中国	现存	石油	2007	—	4980.59	中型平台	−91	99.57
1063	中国	现存	石油	2007	—	2694.99	中型平台	−95	103.20
1064	中国	现存	石油	2005	—	959.67	小型平台	−62	99.29
1065	中国	现存	石油	2006	—	884.97	小型平台	−60	103.87
1066	中国	现存	石油	2002	—	3200.96	中型平台	−62	94.70
1067	中国	现存	石油	2013	—	2627.90	中型平台	−60	103.55
1068	中国	现存	石油	2002	—	729.27	小型平台	−61	97.78
1069	中国	现存	石油	2007	—	2282.35	中型平台	−133	114.48
1070	中国	移除	天然气	1997	2001	442.10	小型平台	−5	6.54
1071	中国	现存	石油	2006	—	2948.55	中型平台	−126	113.20
1072	中国	现存	石油	2007	—	6736.67	大型平台	−127	114.87
1073	中国	现存	天然气	2013	—	572.40	小型平台	−7	9.54
1074	中国	现存	石油	2001	—	995.87	小型平台	−110	103.27
1075	中国	现存	石油	2002	—	15204.14	大型平台	−114	106.04
1076	中国	现存	石油	2001	—	964.86	小型平台	−113	107.85
1077	中国	现存	石油	2013	—	2491.19	中型平台	−112	112.36
1078	中国	现存	天然气	2008	—	1337.72	小型平台	−107	121.54
1079	中国	现存	—	2014	—	349.43	小型平台	−58	70.48
1080	越南	待定	—	—	—	—	—	—	—
1081	中国	现存	石油	2001	—	6273.82	大型平台	−313	204.66
1082	中国	现存	石油	1998	—	6643.84	FPSO	−294	202.38
1083	中国	现存	石油	2012	—	2678.96	中型平台	−114	142.07
1084	中国	现存	天然气	2010	—	5810.09	大型平台	−95	137.10

续表

ID	建设国家	当前状态	主要任务	建立时间	移除时间	模拟大小/m²	平台类型	作业水深/m	离岸距离/km
1085	中国	现存	天然气	2004	—	1680.48	中型平台	−114	141.18
1086	中国	现存	天然气	2004	—	3875.18	FPSO	−103	138.53
1087	中国	现存	天然气	2006	—	1591.53	小型平台	−94	136.33
1088	中国	现存	石油	1993	—	783.54	小型平台	−41	58.93
1089	中国	现存	石油	1993	—	4914.41	中型平台	−41	57.33
1090	中国	现存	石油	1999	—	495.03	小型平台	−40	55.08
1091	中国	现存	石油	2013	—	1657.77	中型平台	−33	36.36
1092	中国	现存	石油	1996	—	1228.12	小型平台	−105	132.88
1093	中国	现存	石油	1995	—	2232.67	中型平台	−114	136.02
1094	中国	现存	—	2014	—	4858.92	中型平台	−34	37.75
1095	中国	现存	石油	1993	—	6073.01	大型平台	−113	138.53
1096	中国	现存	石油	2010	—	1100.65	小型平台	−37	46.23
1097	中国	现存	石油	2009	—	1156.35	小型平台	−107	125.65
1098	中国	现存	—	2015	—	3784.72	中型平台	−37	45.86
1099	中国	现存	—	2014	—	1296.80	小型平台	−34	37.55
1100	中国	现存	—	2014	—	2535.43	中型平台	−93	120.60
1101	中国	现存	石油	2011	—	883.51	小型平台	−35	40.32
1102	中国	现存	石油	2006	—	4293.44	中型平台	−36	46.02
1103	中国	现存	石油	1996	—	9956.02	大型平台	−31	30.68
1104	越南	现存	石油	1993	—	1336.05	小型平台	−16	12.65
1105	中国	现存	—	2014	—	934.95	小型平台	−34	38.50
1106	中国	现存	石油	2012	—	1344.17	小型平台	−28	23.50
1107	中国	现存	石油	2009	—	2469.74	中型平台	−36	45.67
1108	中国	现存	石油	2003	—	1677.48	中型平台	−30	28.94
1109	中国	现存	石油	1992	—	5851.37	大型平台	−38	54.27
1110	中国	移除	石油	1992	1998	3466.02	中型平台	−39	57.98
1111	中国	现存	石油	1992	—	2472.12	中型平台	−37	52.66
1112	中国	移除	石油	1992	1998	899.10	小型平台	−38	54.92
1113	中国	现存	石油	1995	—	1069.04	小型平台	−38	54.77
1114	中国	现存	石油	2011	—	2802.46	中型平台	−31	32.60
1115	中国	现存	天然气	1995	—	1752.46	中型平台	−98	110.44
1116	中国	现存	石油	2009	—	652.32	小型平台	−29	26.18
1117	中国	移除	天然气	1995	2010	6973.82	大型平台	−97	106.05
1118	中国	现存	石油	2007	—	272.15	小型平台	−29	27.04
1119	中国	现存	石油	1992	—	8863.23	大型平台	−115	143.40

续表

ID	建设国家	当前状态	主要任务	建立时间	移除时间	模拟大小/m²	平台类型	作业水深/m	离岸距离/km
1120	中国	移除	石油	2000	2011	1170.73	小型平台	−121	141.50
1121	中国	现存	石油	1992	—	5766.22	FPSO	−122	141.73
1122	中国	现存	石油	2011	—	2005.72	中型平台	−101	104.54
1123	中国	现存	石油	2004	—	1827.09	中型平台	−98	106.55
1124	中国	现存	天然气	2004	—	1684.36	中型平台	−102	110.36
1125	中国	现存	天然气	2007	—	1897.96	中型平台	−94	88.01
1126	中国	现存	天然气	2008	—	2359.23	FPSO	−90	88.74
1127	中国	现存	天然气	1994	—	2292.59	中型平台	−103	97.04
1128	中国	移除	天然气	1999	2009	4260.78	中型平台	−274	159.64
1129	中国	移除	石油	2003	2007	1755.85	中型平台	−54	132.90
1130	中国	现存	石油	2001	—	3156.95	中型平台	−54	132.76
1131	中国	移除	天然气	2004	2005	338.09	小型平台	−67	131.30
1132	中国	移除	石油	2001	2013	1207.24	小型平台	−74	131.17
1133	中国	现存	石油	2002	—	2974.50	FPSO	−22	16.40
1134	中国	现存	石油	2009	—	2664.38	中型平台	−130	125.76
1135	中国	现存	石油	1993	—	1344.17	小型平台	−126	124.14
1136	中国	现存	石油	1992	—	11111.02	大型平台	−6	22.98
1137	中国	现存	天然气	1992	—	2762.45	中型平台	−3	22.82
1138	中国	现存	天然气	2013	—	897.08	小型平台	−21	25.87
1139	中国	现存	石油	2012	—	4013.06	中型平台	−100	113.05
1140	中国	现存	石油	1999	—	937.96	小型平台	−4	12.44
1141	中国	现存	石油	1992	—	5439.72	大型平台	−37	34.37
1142	越南	现存	—	2016	—	11062.13	大型平台	−84	198.00
1143	越南	现存	—	2016	—	18403.34	FPSO	−91	236.51

注：由于涉密，油气平台地理位置没有说明；现存平台是指 2016 年实际存在的平台；待定平台的属性及 2013年后建立平台的主要任务信息暂无获取。

附表 2　1992～2015 年南海周边国家或地区离岸平台数量

年份	总和	中国	越南	菲律宾	泰国	马来西亚	印度尼西亚	文莱	柬埔寨	马—泰海上共同开发区	马—越大陆架边界区
1992	230	9	15	7	52	82	4	61	0	0	0
1993	243	11	19	7	57	84	4	61	0	0	0
1994	272	12	19	7	62	94	4	74	0	0	0
1995	290	15	21	7	69	98	4	76	0	0	0
1996	304	19	22	7	70	103	4	79	0	0	0

续表

年份	总和	中国	越南	菲律宾	泰国	马来西亚	印度尼西亚	文莱	柬埔寨	马—泰海上共同开发区	马—越大陆架边界区
1997	349	19	23	7	97	108	10	85	0	0	0
1998	350	19	23	7	97	109	10	85	0	0	0
1999	378	21	30	7	98	118	10	93	0	1	0
2000	402	26	30	7	98	130	10	100	0	1	0
2001	440	26	37	7	99	144	11	109	0	7	0
2002	484	28	42	7	114	157	13	111	0	7	5
2003	523	34	44	7	125	165	20	115	0	7	6
2004	549	36	45	7	137	172	20	118	0	7	7
2005	584	39	46	7	150	183	20	123	0	7	9
2006	641	42	50	7	191	187	20	127	0	7	10
2007	727	48	52	7	215	215	24	145	0	10	11
2008	763	52	54	8	231	221	24	149	0	13	11
2009	829	55	61	8	252	244	26	156	0	14	13
2010	870	55	64	8	278	251	27	156	0	18	13
2011	898	58	67	8	293	259	27	155	0	18	13
2012	929	61	72	8	304	264	27	162	0	18	13
2013	1014	66	80	8	339	295	28	162	0	23	13
2014	1060	74	90	8	350	307	29	164	0	25	13
2015	1082	76	91	8	356	317	29	166	1	25	13

附表 3　1992~2013 年英国海上石油产量部分统计数据　　　　　　　（单位：ksm³）

区域	1992年	1993年	1994年	1995年	1996年	1997年	1998年	1999年	2000年	2001年	2002年	2003年	2004年	2005年	2006年	2007年	2008年	2009年	2010年	2011年	2012年	2013年
AFFLECK	0	0	0	0	0	0	0	0	0	0	0	0	0	0	0	0	0	11	128	131	92	87
ALBA	0	0	2459	4022	4062	5272	4674	4259	4514	4607	3550	4807	3892	3361	2989	2430	2002	1880	1653	1465	1316	970
ALMA	0	0	0	0	0	0	0	0	0	0	0	0	0	0	0	0	0	0	0	0	0	0
ALWYN NORTH	4790	3892	2613	1740	1330	1213	1340	1341	1121	1005	881	696	569	557	357	351	359	283	250	387	524	335
ANDREW	0	0	0	0	1047	3429	3978	4043	3115	2280	1896	1547	1068	1049	628	757	647	539	392	99	1	0
ANGUS	1426	258	0	0	0	0	0	0	0	208	407	139	103	75	29	0	0	0	0	0	0	0
ARBROATH	2064	1939	1856	2052	1792	1369	1376	1359	1149	959	833	656	727	614	447	422	241	261	184	195	161	116
ARDMORE	0	0	0	0	0	0	0	0	0	0	0	218	485	127	0	0	0	0	0	0	0	0
ARKWRIGHT	0	0	0	0	81	576	373	230	322	312	281	312	250	132	113	202	191	166	88	3	0	0
ATHENA	0	0	0	0	0	0	0	0	0	0	0	0	0	0	0	0	0	0	0	0	339	484
ATLANTIC	0	0	0	0	0	0	0	0	0	0	0	0	0	0	54	103	71	2	0	0	0	0
AUK	420	476	629	721	546	772	934	739	666	467	502	437	367	261	275	152	215	204	157	254	194	128
AUK NORTH	0	0	0	0	0	0	0	0	0	0	0	0	0	0	0	0	0	0	68	511	291	219
BACCHUS	0	0	0	0	0	0	0	0	0	0	0	0	0	0	0	0	0	0	0	0	303	635
BALMORAL	1632	1227	977	772	497	566	474	426	334	358	269	228	116	159	114	102	43	102	75	72	57	23
BANFF	0	0	0	0	453	332	0	1312	850	1001	653	797	519	397	318	414	340	283	214	165	0	0

续表

区域	1992年	1993年	1994年	1995年	1996年	1997年	1998年	1999年	2000年	2001年	2002年	2003年	2004年	2005年	2006年	2007年	2008年	2009年	2010年	2011年	2012年	2013年
BARDOLINO	0	0	0	0	0	0	0	0	0	0	0	0	0	0	0	0	0	0	34	48	32	25
BEATRICE	873	729	648	570	528	542	440	233	165	117	430	325	256	222	128	118	65	115	124	116	113	113
BEAULY	0	0	0	0	0	0	0	0	0	589	484	261	115	122	70	54	26	20	18	0	0	0
BERYL	6115	5565	4994	5283	5079	4484	3543	2751	1954	1858	1879	1633	1443	1308	1367	938	701	494	523	400	515	521
BIRCH	0	0	0	353	1270	954	616	279	114	126	0	11	223	248	238	176	85	64	51	56	42	25
BITTERN	0	0	0	0	0	0	0	0	1387	2899	2829	2882	2536	2153	1730	1392	809	614	725	656	758	959
BLACKBIRD	0	0	0	0	0	0	0	0	0	0	0	0	0	0	0	0	0	0	0	64	207	118
BLAKE	0	0	0	0	0	0	0	0	0	1171	2335	1997	1801	1480	1399	1264	946	938	749	420	429	510
BLANE	0	0	0	0	0	0	0	0	0	0	0	0	0	0	0	232	668	557	449	484	264	227
⋯	⋯	⋯	⋯	⋯	⋯	⋯	⋯	⋯	⋯	⋯	⋯	⋯	⋯	⋯	⋯	⋯	⋯	⋯	⋯	⋯	⋯	⋯
SCOTER	0	0	0	0	0	0	0	0	0	0	0	0	242	327	336	195	91	40	70	51	17	41
SCOTT	0	1889	9833	10665	8551	6775	5481	4848	3345	2609	2275	1527	1365	985	1230	1459	840	743	643	595	645	502
SEYMOUR	0	0	0	0	0	0	0	0	0	0	0	142	165	81	77	35	47	63	54	52	126	109
SHEARWATER	0	0	0	0	0	0	0	0	108	758	3026	3163	3452	1698	1222	707	292	385	394	165	45	0
SHELLEY	0	0	0	0	0	0	0	0	0	0	0	0	0	0	0	0	0	126	39	0	0	0
SKENE	0	0	0	-0	0	0	0	0	0	8	396	312	231	135	107	89	65	60	38	34	28	27
SKUA	0	0	0	0	0	0	0	0	0	247	806	372	277	2	0	0	0	0	0	0	0	0
SOLITAIRE	0	0	0	0	0	0	0	0	0	0	0	0	0	0	0	0	0	0	0	0	0	0
STIRLING	0	0	75	74	51	45	11	19	20	34	31	31	18	34	38	32	22	7	20	7	0	5

续表

区域	1992年	1993年	1994年	1995年	1996年	1997年	1998年	1999年	2000年	2001年	2002年	2003年	2004年	2005年	2006年	2007年	2008年	2009年	2010年	2011年	2012年	2013年
STRATHSPEY	0	0	0	0	1891	1713	1301	841	549	457	676	533	592	313	484	345	274	221	130	95	61	35
SYCAMORE	0	0	0	0	0	0	0	0	0	0	0	446	171	26	143	67	80	38	24	19	23	16
TARTAN	527	382	690	536	560	393	389	321	284	236	203	157	203	166	122	188	169	179	143	103	31	0
TEAL	0	0	0	0	0	1305	1343	1455	1809	1245	650	346	266	179	1	29	16	37	170	104	43	0
TEAL SOUTH	0	0	0	0	52	319	146	163	94	103	51	92	38	0	36	2	26	18	0	12	3	0
TELFORD	0	0	0	0	123	1866	1905	1270	1341	1413	1405	1081	812	560	469	351	286	500	515	426	386	596
TERN	4273	3995	4287	3958	3317	3106	2727	2541	2152	2012	1638	1248	933	718	605	588	471	534	506	619	642	467
THELMA	0	0	0	0	199	1600	1296	1113	950	823	398	335	348	357	322	216	263	216	218	216	213	149
THISTLE	1152	1052	872	799	643	515	440	365	343	228	299	261	204	168	221	216	138	204	258	295	330	383
TIFFANY	0	215	1940	2025	2016	1451	921	511	334	233	175	158	134	149	209	178	162	137	153	121	98	134
TONI	0	17	672	1497	1207	818	953	783	564	471	465	638	317	268	248	178	144	122	121	71	14	0
TULLICH	0	0	0	0	0	0	0	0	0	0	277	706	493	386	349	558	303	358	308	33	0	129
TWEEDSMUIR	0	0	0	0	0	0	0	0	0	0	0	0	0	0	0	370	846	629	459	273	75	11
TWEEDSMUIR SOUTH	0	0	0	0	0	0	0	0	0	0	0	0	0	0	0	0	441	532	408	292	263	214
WEST DON	0	0	0	0	0	0	0	0	0	0	0	0	0	0	0	0	0	302	356	485	345	407
WOOD	0	0	0	0	0	0	0	0	0	0	0	0	0	0	0	1	24	71	45	93	86	54

附表4　1992~2013年挪威海上石油产量部分统计数据

（单位：ksm³）

区域	1992年	1993年	1994年	1995年	1996年	1997年	1998年	1999年	2000年	2001年	2002年	2003年	2004年	2005年	2006年	2007年	2008年	2009年	2010年	2011年	2012年	2013年
ALBUSKJELL	121	139	118	106	83	75	46	0	0	0	0	0	0	0	0	0	0	0	0	0	0	0
ALVE	0	0	0	0	0	0	0	0	0	0	0	0	0	0	0	0	0	259	244	318	243	136
ALVHEIM	0	0	0	0	0	0	0	0	0	0	0	0	0	0	0	0	2277	4955	4514	3847	4007	3489
ÅSGARD	0	0	0	0	0	0	0	3901	7837	8320	8232	6944	5658	4637	3959	3621	2961	2589	2168	1362	1292	917
BALDER	0	0	0	0	0	0	0	881	4018	3888	3436	3949	6046	6984	6352	5624	4409	3313	2726	2270	1857	1925
BRAGE	0	1058	5417	6324	6441	5914	5575	3826	2647	2241	2159	1904	1600	1478	1105	1179	1601	1686	1550	1126	782	592
COD	79	74	75	77	69	57	34	0	0	0	0	0	0	0	0	0	0	0	0	0	0	0
DRAUGEN	0	123	3887	6971	8444	10452	11194	12139	11744	11859	11067	7434	7807	6018	4549	4124	4040	3398	2409	2173	2024	1469
EDDA	174	141	141	150	141	110	62	0	0	0	0	0	0	0	0	0	0	0	0	0	0	0
EKOFISK	9901	9554	10827	13563	14168	15233	15023	14698	16714	16685	17354	16944	16063	15429	15436	12542	11545	10713	8932	7998	7149	6208
ELDFISK	3030	2688	2455	2988	2589	2699	1710	1262	1224	1956	2328	2356	3078	3419	2946	2575	2941	2789	2539	2362	1994	1862
EMBLA	0	720	1489	1340	1061	798	522	804	627	466	366	386	392	272	314	187	209	196	160	147	122	130
FRAM	0	0	0	0	0	0	0	0	0	0	0	677	2862	1821	1609	2557	3311	3426	3117	2805	2446	2419
FRØY	0	0	0	938	1899	1453	740	513	302	33	0	0	0	0	0	0	0	0	0	0	0	0
GJØA	0	0	0	0	0	0	0	0	0	0	0	0	0	0	0	0	0	0	252	2158	2830	1978
GRANE	0	0	0	0	79	0	0	0	0	0	0	868	7086	10282	12627	11997	10037	10724	9654	8118	7113	5531
GULLFAKS	25027	28677	30743	28091	25445	24121	19855	17277	13272	10532	9211	9506	9713	8346	6429	5560	5305	4690	3959	2663	2537	2568
GULLFAKS SØR	0	0	0	0	0	0	69	2207	2994	3838	3729	3379	4171	3889	2933	3280	3108	3007	2085	1594	1882	2381

续表

区域	1992年	1993年	1994年	1995年	1996年	1997年	1998年	1999年	2000年	2001年	2002年	2003年	2004年	2005年	2006年	2007年	2008年	2009年	2010年	2011年	2012年	2013年
GYDA	3859	3980	4117	3938	4051	3401	2467	2063	1111	1113	694	648	525	744	650	504	622	385	211	206	150	128
HEIDRUN	0	0	0	1059	12189	13456	11690	12540	10591	10226	10132	9069	8583	8139	8000	6203	5460	4561	3210	3705	3181	3462
HEIMDAL	0	0	0	0	0	0	0	0	0	0	0	0	0	0	0	0	0	0	0	0	0	0
HOD	1351	912	653	553	590	493	310	136	90	383	362	316	271	211	276	183	187	194	177	72	39	35
HULDRA	0	0	0	0	0	0	0	0	0	0	0	0	0	0	0	0	0	0	0	0	0	0
JOTUN	0	0	0	0	0	0	0	863	7166	5480	2587	2235	1103	764	665	515	384	312	254	213	174	151
KRISTIN	0	0	0	0	0	0	0	0	0	0	0	0	0	0	0	0	0	0	0	0	0	0
⋯	⋯	⋯	⋯	⋯	⋯	⋯	⋯	⋯	⋯	⋯	⋯	⋯	⋯	⋯	⋯	⋯	⋯	⋯	⋯	⋯	⋯	⋯
SLEIPNER ØST	0	0	0	0	0	0	0	0	0	0	0	0	0	0	0	0	0	0	0	0	0	0
SLEIPNER VEST	0	0	0	0	0	0	0	0	0	0	0	0	0	0	0	0	0	0	0	0	0	0
SNØHVIT	0	0	0	0	0	0	0	0	0	0	0	0	0	0	0	0	0	0	0	0	0	0
SNORRE	1592	7028	9922	11271	11440	10733	10048	10114	8602	11624	12663	13815	11489	8737	8119	8378	8502	6549	5814	5414	4559	5185
STATFJORD	36989	33304	31731	25878	21609	19155	16596	12519	10892	10126	8873	7755	6970	5563	4279	3981	3177	2131	2001	1855	1527	1565
STATFJORD NORD	0	0	2548	3307	3946	3044	3462	3991	2838	2276	2834	2165	1906	1309	1126	743	287	410	243	164	163	
STATFJORD ØST	0	0	611	3212	3356	4147	4227	3692	2818	2197	1919	1992	1347	1129	1137	1182	783	551	813	395	463	334
SYGNA	0	0	0	0	0	0	0	0	643	2550	1814	1639	1144	689	413	379	298	129	54	63	50	58
TAMBAR	0	0	0	0	0	0	0	0	0	535	1730	1463	883	1239	963	696	638	367	302	306	243	260

区域	1992年	1993年	1994年	1995年	1996年	1997年	1998年	1999年	2000年	2001年	2002年	2003年	2004年	2005年	2006年	2007年	2008年	2009年	2010年	2011年	2012年	2013年
TOMMELITEN GAMMA	591	578	415	350	303	243	124	0	0	0	0	0	0	0	0	0	0	0	0	0	0	0
TOR	389	361	351	350	370	368	240	231	256	257	213	162	197	180	164	311	305	289	235	216	220	150
TORDIS	0	0	1555	3837	4503	4124	3970	4423	4150	4779	4586	4109	3678	3005	1655	2405	1613	1099	738	586	223	508
TROLL	0	0	0	2871	13204	14542	12826	12585	18419	19559	21445	21074	18210	14227	11235	9611	8360	7925	6968	7357	7146	7189
TUNE	0	0	0	0	0	0	0	0	0	0	0	0	0	0	0	0	0	0	0	0	0	0
TYRIHANS	0	0	0	0	0	0	0	0	0	0	0	0	0	0	0	0	0	1329	4060	5021	5078	3478
ULA	7644	7657	5705	3966	2806	2349	1768	1516	1163	1270	1217	1070	1031	1072	1021	870	583	791	1182	780	569	591
VALE	0	0	0	0	0	0	0	0	0	0	0	0	0	0	0	0	0	0	0	0	0	0
VALHALL	4231	3699	3309	3661	4241	4865	5440	5600	4497	4304	4108	4075	4678	4729	4051	3432	2768	2202	2026	1583	933	1707
VARG	0	0	0	0	0	0	10	1743	1738	1185	784	921	1207	1281	854	797	703	789	1420	972	647	460
VEGA	0	0	0	0	0	0	0	0	0	0	0	0	0	0	0	0	0	0	18	658	853	1000
VESLEFRIKK	3939	3911	4439	4462	4092	3455	3253	1893	2403	1999	1666	1709	1607	1511	1137	932	722	702	791	724	747	537
VEST EKOFISK	162	186	165	123	94	84	47	0	0	0	0	0	0	0	0	0	0	0	0	0	0	0
VIGDIS	0	0	0	0	0	1607	4724	5106	4198	3670	3053	3362	3587	3691	3758	3277	3069	2633	1971	2035	1862	1901
VISUND	0	0	0	0	0	0	0	630	2253	2536	2459	2021	1863	1116	1210	2252	1724	1563	1403	667	719	1043
YME	0	0	0	0	1283	2001	1955	1594	1140	125	0	0	0	0	0	0	0	0	0	0	0	0

附表 5　1992~2013 年丹麦海上石油产量统计数据

（单位：ksm³）

区域	1992年	1993年	1994年	1995年	1996年	1997年	1998年	1999年	2000年	2001年	2002年	2003年	2004年	2005年	2006年	2007年	2008年	2009年	2010年	2011年	2012年	2013年
Cecilie	0	0	0	0	0	0	0	0	0	0	0	166	310	183	116	88	66	38	33	39	33	17
Dagmar	305	67	33	35	23	17	13	10	8	4	6	7	2	0	0	0	0	0	0	0	0	0
Dan	2699	3262	3495	3713	3799	3858	4767	5745	6599	6879	6326	5929	6139	5712	5021	4650	4241	3549	2979	2474	2260	2045
Gorm	1661	1889	2416	2542	2941	3045	2865	3384	3110	2180	2887	2838	2469	1978	1897	1639	1053	924	923	713	593	543
Halfdan							0	222	1120	2965	3718	4352	4946	6200	6085	5785	5326	5465	5119	4905	4617	4150
Harald	0	0	0	0	0	794	1690	1332	1081	866	578	425	314	237	176	139	114	65	70	95	79	25
Kraka	205	390	491	469	340	315	314	404	350	253	157	139	199	211	222	176	112	37	67	170	129	101
Lulita	0	0	0	0	0	0	143	224	179	66	24	20	19	35	68	55	47	24	36	36	32	17
Nini	0	0	0	0	0	0	0	0	0	0	0	391	1477	624	377	323	355	159	544	569	475	268
Regnar	0	145	429	86	41	27	43	29	14	33	18	19	19	16	11	0	0	0	0	0	0	0
Roar	0	176	0	0	320	427	327	259	285	317	175	121	98	94	51	35	28	30	24	16	2	4
Rolf	304	176	100	130	113	96	92	77	83	51	51	104	107	79	89	103	78	76	60	1	0	0
Siri	0	0	0	0	0	0	0	1593	2118	1761	1487	925	693	703	595	508	598	326	286	161	238	131
Skjold	2281	2103	1712	2017	2065	2011	1896	1825	1975	1354	1659	1532	1443	1310	1214	1015	989	918	835	778	679	605
Svend	0	0	0	0	836	1356	635	521	576	397	457	280	326	324	296	299	278	195	190	145	171	183
Syd Arne	0	0	0	0	0	0	0	757	2558	2031	2313	2383	2257	2371	1869	1245	1139	1164	1066	1004	803	700
Tyra	1669	1639	1748	1631	1446	1263	931	892	1000	872	801	918	723	773	845	764	551	415	856	744	626	521
Tyra Se	0	0	0	0	0	0	0	0	0	0	493	343	580	614	446	377	429	374	225	165	148	98
Valdemar	0	53	304	166	161	159	95	86	77	181	353	435	491	423	470	881	1268	1410	909	817	844	777

附表6　欧洲北海海上设施空间数据（部分）

序号	形状	西经	北纬	所在区域	所属国家	开始时间	结束时间	主要用途	平台类型
0	Multipoint	2.701	56.443	Affleck template/manifold	United Kingdom	2009	9999	Oil	Subsea steel
1	Multipoint	1.133	58.014	Alba 'Sadie' Subsea Manifold	United Kingdom	1994	9999	Oil	Subsea steel
2	Multipoint	1.081	58.059	Alba northern	United Kingdom	1994	9999	Oil	Fixed steel
3	Multipoint	1.034	58.048	Alba FSU	United Kingdom	1994	9999	Oil	Floating steel
4	Multipoint	1.11	58.027	Alba IIIA subsea	United Kingdom	1994	9999	Oil	Subsea steel
5	Multipoint	2.17	53.509	Alison Kx manifold	United Kingdom	1995	2009	Gas	Subsea steel
6	Multipoint	2.17	53.509	Alison template/manifold	United Kingdom	1995	2009	Gas	Subsea steel
7	Multipoint	2.784	56.186	Alma FPSO	United Kingdom	2015	9999	Oil	Floating steel
8	Multipoint	2.763	56.198	Alma Production DC WHPS	United Kingdom	2015	9999	Oil	Subsea steel
9	Multipoint	2.769	56.171	Alma W/I DC WHPS	United Kingdom	2015	9999	Oil	Subsea steel
10	Multipoint	1.684	60.809	Alwyn north NAA	United Kingdom	1987	9999	Oil	Fixed steel
11	Multipoint	1.743	60.81	Alwyn north NAB	United Kingdom	1987	9999	Oil	Fixed steel
12	Multipoint	0.724	53.611	Amethyst east A1D	United Kingdom	1990	9999	Gas	Fixed steel
13	Multipoint	0.791	53.623	Amethyst east A2D	United Kingdom	1990	9999	Gas	Fixed steel
14	Multipoint	0.908	53.667	Amethyst east B1D	United Kingdom	1990	9999	Gas	Fixed steel
15	Multipoint	0.636	53.758	Amethyst west C1D	United Kingdom	1990	9999	Gas	Fixed steel
16	Multipoint	1.404	58.048	Andrew	United Kingdom	1996	9999	Oil	Fixed steel
17	Multipoint	1.55	58.133	Andrew template	United Kingdom	1996	9999	Oil	Subsea steel
18	Multipoint	1.653	53.368	Anglia A	United Kingdom	1991	2015	Gas	Fixed steel
19	Multipoint	1.79	53.428	Anglia West subsea	United Kingdom	1991	2015	Gas	Subsea steel
20	Multipoint	3.06	56.157	Angus FPSO	United Kingdom	1992	2006	Oil	Floating steel

续表

序号	形状	西经	北纬	所在区域	所属国家	开始时间	结束时间	主要用途	平台类型
21	Multipoint	3.059	56.156	Angus WHPS	United Kingdom	1992	2006	Oil	Subsea steel
22	Multipoint	2.056	53.716	Ann template/ manifold	United Kingdom	1993	2012	Gas	Subsea steel
23	Multipoint	0.55	53.9	Apollo subsea manifold	United Kingdom	2003	9999	Gas	Subsea steel
24	Multipoint	1.383	57.375	Arbroath	United Kingdom	1990	9999	Oil	Fixed steel
⋮	⋮	⋮	⋮	⋮	⋮	⋮	⋮	⋮	⋮
1306	Multipoint	4.491	55.606	Rolf	Denmark	1986	2011	Oil	Fixed steel
1307	Multipoint	4.911	56.483	Siri	Denmark	1999	9999	Oil	Others
1308	Multipoint	4.939	56.491	Siri -lasteanlæg	Denmark	1999	9999	Oil	Subsea steel
1309	Multipoint	4.908	55.531	Skjold A	Denmark	1982	9999	Oil	Fixed steel
1310	Multipoint	4.909	55.531	Skjold B	Denmark	1994	9999	Oil	Fixed steel
1311	Multipoint	4.907	55.532	Skjold C	Denmark	1994	9999	Oil	Fixed steel
1312	Multipoint	4.179	56.178	Svend	Denmark	1996	9999	Oil	Fixed steel
1313	Multipoint	4.229	56.078	Syd Arne	Denmark	1999	9999	Oil	Gravity concrete
1314	Multipoint	4.256	56.093	Syd Arne -L	Denmark	1999	9999	Oil	Subsea steel
1315	Multipoint	4.231	56.078	Syd Arne - E	Denmark	2013	9999	Oil	Fixed steel
1316	Multipoint	4.219	56.096	Syd Arne - N	Denmark	2013	9999	Oil	Fixed steel
1317	Multipoint	4.802	55.721	Tyra EA	Denmark	1984	9999	Oil	Fixed steel
1318	Multipoint	4.799	55.72	Tyra EB	Denmark	1984	9999	Gas	Fixed steel
1319	Multipoint	4.798	55.719	Tyra EC	Denmark	1984	9999	Gas	Fixed steel
1320	Multipoint	4.803	55.721	Tyra ED	Denmark	1984	9999	Gas	Fixed steel
1321	Multipoint	4.801	55.721	Tyra EE	Denmark	1984	9999	Gas	Fixed steel
1322	Multipoint	4.8	55.721	Tyra EF	Denmark	1995	9999	Gas	Fixed steel
1323	Multipoint	4.883	55.64	Tyra SE	Denmark	2002	9999	Oil	Fixed steel
1324	Multipoint	4.75	55.716	Tyra WA	Denmark	1984	9999	Oil	Fixed steel
1325	Multipoint	4.749	55.716	Tyra WB	Denmark	1984	9999	Gas	Fixed steel
1326	Multipoint	4.747	55.715	Tyra WC	Denmark	1984	9999	Gas	Fixed steel
1327	Multipoint	4.751	55.716	Tyra WD	Denmark	1984	9999	Gas	Fixed steel
1328	Multipoint	4.749	55.715	Tyra WE	Denmark	1984	9999	Gas	Fixed steel
1329	Multipoint	4.561	55.834	Valdemar AA	Denmark	1993	9999	Gas	Fixed steel
1330	Multipoint	4.562	55.834	Valdemar AB	Denmark	2006	9999	Oil	Fixed steel

注：结束时间为 9999 表示截至 2013 年石油生产仍在进行。

美国墨西哥湾 BSEE 数据库

美国墨西哥湾的海洋油气平台分布数据来自于美国安全和环境执法局（BSEE, https://www.data.boem.gov）。该数据记录了自 1942 年以来美国墨西哥湾大陆架外缘联邦管辖海域的海洋油气开发平台生产状态信息——空间位置、建设时间（INSTALL_DA）和移除时间（REMOVAL_DA）。该数据处于每月一次不断地修正和更新中，本书获取 2017 年 9 月的数据，包含油气平台记录 7289 条。BSEE 数据中，部分海洋油气开发平台建有焚烧台、起重机等附属设备，研究利用 COMPLEX_ID 字段从 7148 条记录中甄别出 6376 个唯一的平台数据，最终的 BSEE 数据分布见附图 5。

美国墨西哥湾 BSEE 数据库记录对比验证

在 BSEE 油气平台数据库中，同一油气平台的不同结构可能被单独区分记录，本书以美国墨西哥湾识别的平台空间位置为中心，选择半径 150 m 范围内的 BSEE 数据记录进行空间匹配（两者之间存在一对零、一对一或者一对多的关系）。自 1992 年共计 3939 条 BSEE 数据记录与 4751 个识别的平台空间匹配，812 条 BSEE 记录没有匹配，识别的漏判率为 17.1%[附图 6（a）和附图 6（b）]。具体来说，现存的平台识别的漏判率仅为 1.8%[882/898 条现存的 BSEE 记录与平台识别结果匹配，附图 6（a）]，移除的平台识别的漏判率则为 22.9%[3057/3965 条移除的 BSEE 记录与平台识别结果匹配，附图 6（b）]。值得注意的是，移除的平台识别的漏判呈现以 1997 年为中心的高斯分布[附图 6（b）]，说明研究前期单一影像时间序列的识别结果欠佳，随着遥感数据源不断丰富，多源影像时间序列识别结果的精度逐步提高，到 2010 年前后，漏判率不超过 5%。

在空间匹配的 BSEE 记录与识别的平台中，研究对两者进行一一识别并分析平台时间属性的差异（建立时间和移除时间）。总体来说，NFTS 方法判定的和 BSEE 数据库中记录的平台建立时间的关系如附图 7（a）所示。自 1992 年匹配数据 1054 个，共计 776 个（73.6%）数据点落入以 1∶1 标准参照线为轴的 1 年以内的缓冲区内，885 个（84.0%）数据点落入标准参照线 2 年以内的缓冲区内。NFTS 判定的和 BSEE 记录的平台建立时间存在着一些差异：30 个研究方法识别的平台建立时间比 BSEE 数据库的记录提前 2 年以上，这种差异主要来源于平台检测中的虚警；139 个研究方法识别的平台建立时间比 BSEE 数据库的记录滞后 2 年以上。此外，多源影像的不断增多导致平台被检测到的次数"激增"[附图 7（a）]。

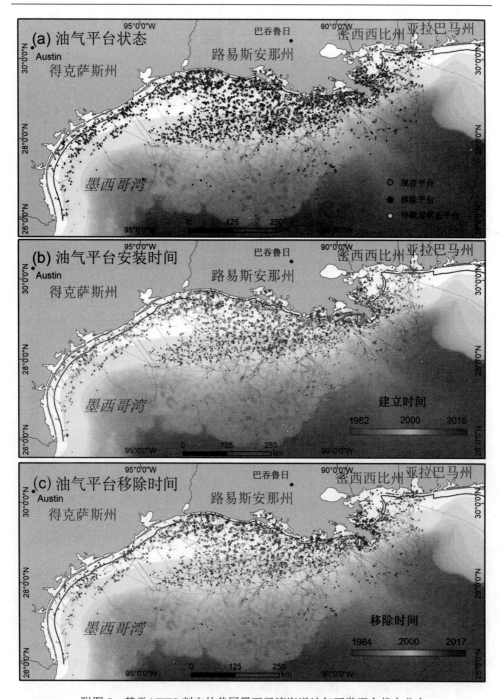

附图5　基于 NFTS 判定的美国墨西哥湾海洋油气开发平台状态分布

（a）美国墨西哥湾油气开发平台工作状态（现存、移除、待定）分布；（b）美国墨西哥湾油气开发平台的建立
时间分布；（c）美国墨西哥湾 5044 个移除平台的移除时间分布

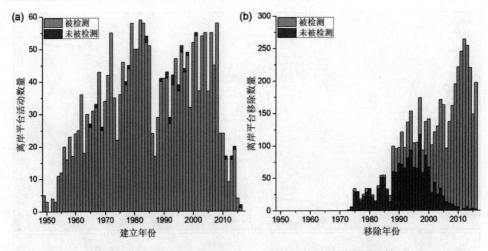

附图 6　基于 NFTS 检测 BSEE 平台数量的时间直方图比较

（a）油气平台建立年份与离岸平台活动数量；（b）油气平台移除年份与离岸平台移除数量

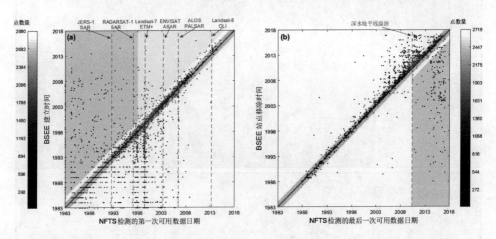

附图 7　基于 NFTS 检测的与美国墨西哥湾 BSEE 数据记录的平台时间分布比较

（a）NFTS 检测的第一次可用数据日期与 BSEE 记录的平台建立时间拟合结果；（b）NFTS 检测的最后一次可用
数据日期与 BSEE 记录的平台移除时间拟合结果（散点图的颜色代表点分布密度：浅色代表高密度分布区域，深
　　色代表低密度分布区域，斜线代表 1∶1 直线，透明窄带区域为围绕 1∶1 直线的时间为 1 年的缓冲区）

　　NFTS 方法判定的和 BSEE 数据库中记录的平台移除时间的关系如附图 7（b）
所示，大部分的匹配数据点落入 1∶1 标准参照线附近，具体来说，在匹配的 2611
个数据中，共有 1974 个（75.6%）数据点落入以 1∶1 标准参照线为轴的 1 年以
内的缓冲区内，2224 个（85.2%）数据点落入标准参照线 2 年以内的缓冲区内，
结果略优于平台建立时间的拟合关系。部分研究方法识别的平台移除时间滞后于
BSEE 数据记录的差异出现在"深水地平线"（Deepwater Horizon）油气平台泄漏

事故之后（2010 年 4 月 20 日）——历史上最大的海上溢油事件，对美国墨西哥湾海域造成了严重的生态环境影响。在这次溢油事件之后，BSEE 数据库中多出许多移除的平台可能仅是"临时废弃"。

BSEE 仅记录来源国家水域的海洋油气开发平台信息。即使在联邦水域，也存在着数百个的 NFTS 判定的平台与 BSEE 记录的平台不存在空间邻近性。因此，本书采用直接或间接的数据集进行 NFTS 判定平台的辅助比较验证：①与高分影像直接对比。Google Earth 上可用的 NAIP 航拍影像和高分辨率的影像可用作直接的验证数据，共计 2604 个 NFTS 判定的平台通过这种方式被验证。②与 BSEE 油气管道数据库间接比较。在美国墨西哥湾有较为发达的油气管道网络，进而 BSEE 油气管道数据库可作为辅助验证数据。5463 个 NFTS 判定的平台分布在油气管道周围 150 m 以内的缓冲区范围。附图 8 展现了未被 BSEE 平台数据库记录但是靠近油气管道的平台的两个例子。③与月度的 Suomi-NPP 夜间灯光产品间接比较。伴生天然气焚烧源和平台亮光在 Suomi-NPP 夜间灯光数据上是清晰可见的（附图 9）。基于此，研究在月度的 Suomi-NPP 夜间灯光产品中提取了 318 个能够持续检测到的（在 2012 年 4 月到 2016 年 12 月期间持续超过六个月）海上光源，作为另一个间接的验证数据集。上述 318 个海上持续的光源对应 857 个 NFTS 判定的平台。

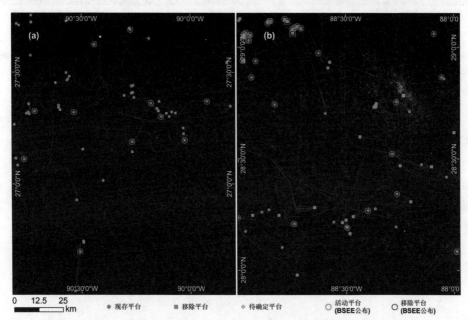

附图 8　NFTS 方法判定的平台与 BSEE 平台数据库和油气管线数据库的比较
（a）和（b）为两个示例，证实了数百个 NFTS 判定的平台都与油气管道紧密相连而未被 BSEE 平台数据库确认。需要注意的是，并不是所有的平台都与油气管道连接（如 FPSO）。其中，圆圈、正方形和菱形的实心点分别表示由 NFTS 判定的现存的、移除的和待定状态的平台；大的空心圆圈和大的方框表示由 BSEE 平台数据库记录的平台；组合空心圆与实心点表明 NFTS 判定的平台与 BSEE 平台数据库记录的平台具有空间一致性

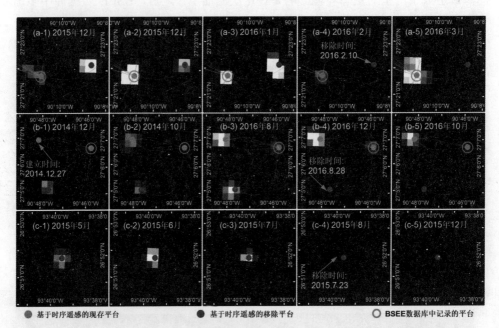

●基于时序遥感的现存平台　　　●基于时序遥感的移除平台　　　○BSEE数据库中记录的平台

附图9　NFTS方法判定的平台与月度的Suomi-NPP夜间灯光产品的比较

举例来说，6 个 NFTS 判定的平台[子图（a）中 2 个，子图（b）中 3 个，子图（c）中 1 个]。其中，只有 2 个被
BSEE 平台数据库记录[子图（a）中的 1 个和子图（b）中的 1 个]，其他 4 个 NFTS 判定的平台（3 个移除的，1
个现存的）均被 VIIRS DNB 时间序列产品识别

　　综上，在总共 9260 个 NFTS 判定的平台中，4751 个平台被 BSEE 平台数据库验证，另外的 2846 个平台被其他的直接或者间接数据验证，全部平台中的82.04%（7597 个）被验证至少一次。在被其他方法验证的 NFTS 平台（2846 个）中，387 个存在于联邦水域，而在 BSEE 平台数据库中并无记录。值得注意的是，剩下 1663 个 NFTS 判定的平台未被验证；然而，这些平台的大部分可能是真实存在的，其中 443 个分布在联邦水域，1220 个分布在州水域。

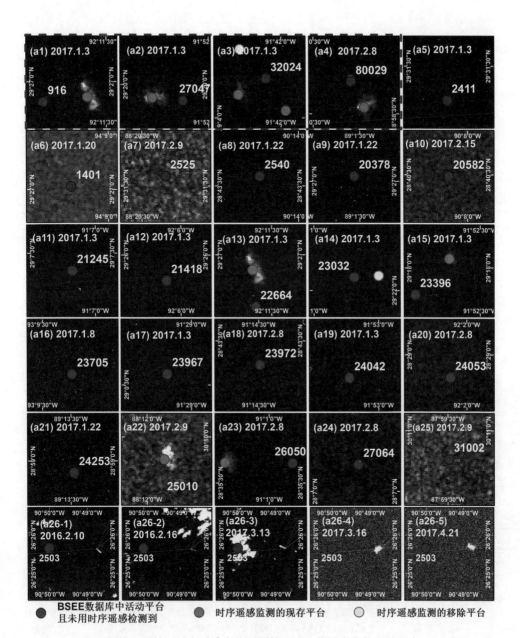

附图 10　基于时序遥感未监测到的 BSEE 数据库中的活动平台

（a1）～（a26）为 NFTS 未检测到的 26 条 BSEE 数据库中的记录，在 Sentinel-1C 波段的 SAR 图像中仅有 4 条记录（a1）～（a4）

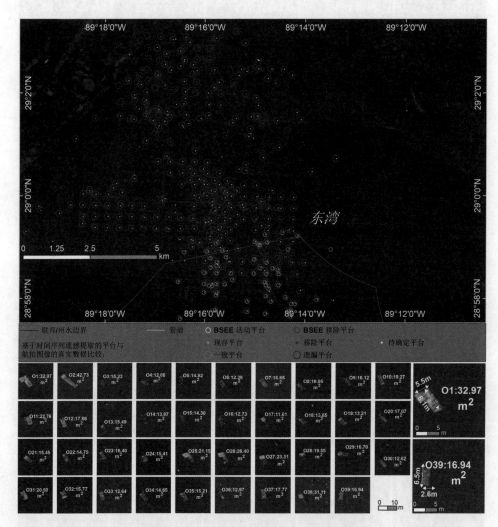

附图 11　密西西比河三角洲东湾遥感平台验证

圆圈、正方形和菱形实心点分别表示 NFTS 判定的活动平台、移除平台和待定状态平台。中等大小的圆圈和方框表示 BSEE 数据库中记录的活动/移除平台。大圆圈表示 2005 年以来地面真实图像确定的平台：圆圈代表和 NFTS 空间一致，方框代表 NFTS 遗漏平台（总计 39 个，底部显示的为地面真实图像）

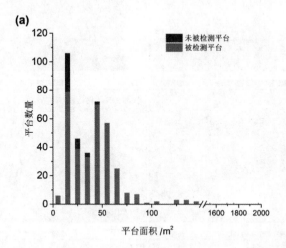

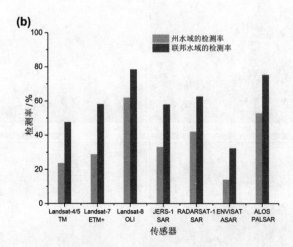

附图 12　密西西比河三角洲东湾油气平台检测率

（a）东湾共 414 个平台（由地面真实影像确定），基于 NFTS 检测到 375 个，未被检测 39 个；（b）按传感器类型分组的检测率

附图 13　墨西哥湾北部多源卫星影像覆盖频次分布图

（a）RADARSAT-1 SAR 宽扫描模式（约 100 m 分辨率）；（b）RADARSAT-1 SAR 精细/标准模式（约 20 m 分辨率）；（c）ALOS-1 PALSAR 宽扫描模式（约 100 m 分辨率）；（d）ALOS-1 PALSAR 精细扫描模式（12.5～30 m 分辨率）；（e）ENVISAT ASAR（2003.5.1～2012.4.7）；（f）Landsat-4/5 TM（1982.11.12～2011.11.11）；（g）Landsat-7 ETM+（1999.7.2～2017.4.11）；（h）Landsat-8 OLI（2013.4.11～2017.2.17）

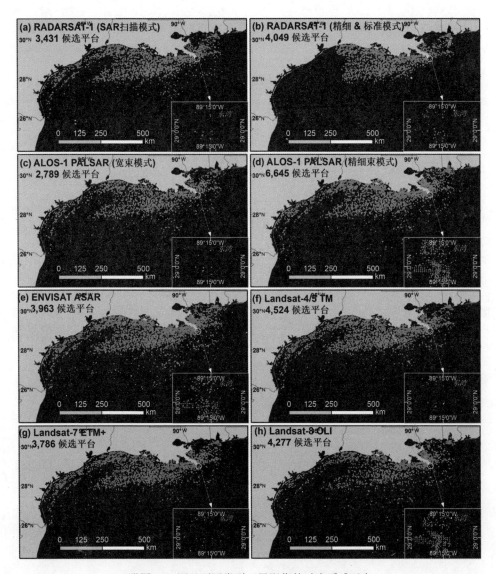

附图 14　源于不同类型卫星影像的时序遥感平台

（a）RADARSAT-1 SAR 扫描模式（1997.3.13～2007.11.17）；（b）RADARSAT-1 SAR 精细/标准模式（1997.2.2～
2008.4.22）；（c）ALOS-1 PALSAR 宽幅束模式（2006.11.5～2011.2.4）；（d）ALOS-1 PALSAR 精细束模式（2006.1.13～
2011.4.17）；（e）ENVISAT ASAR（2003.5.1～2012.4.7）；（f）Landsat-4/5 TM（1982.12.12～2011.11.11）；
（g）Landsat-7 ETM+（1999.7.2～2017.2.20）；（h）Landsat-8 OLI （2013.4.11～2017.3.21）